Training Note α トレーニングノート**α** 物理基

JN092713

はじめに

　21世紀はまさに，これから，みなさんが切り開いていく時代です。前の20世紀には，科学技術は飛躍的に進歩し，便利で豊かな生活を実現したかにみえましたが，SDGsにみるようにグローバルに展開する諸課題が顕在化してきました。しかしこれからの時代，是非みなさんが，物理学におけるいろいろな力を十分に活用して，地球環境問題の解決や都市設計，新エネルギーの開発などによって，人類に明るい未来を実現してほしいと願うところです。

　物理基礎で学ぶことは，実際に日常で生じる現象と深く結びついています。それらは，**実験・観察を通して，原理や法則を理解するとともに，実験結果を物理学的に考察する探究的学習**をすることで，日常での現象と，いきいきとつながっていきます。本書を通して，物理基礎を探究していきましょう。

編著者　東京理科大学教授　川村　康文

本書の特色

● 物理基礎の学習内容を，要点を絞って掲載しています。
● 1単元を2ページで構成しています。単元のはじめには，問題を解く上での重要事項を **POINTS** として解説しています。
● 1問目は，図や表を用いた空所補充問題です。重要な図表を確認しましょう。

目　次

① 速 度

解答▶別冊P.1

📝 POINTS

1 速さ……単位時間あたりの移動距離。向きは問わず，大きさだけで決まる量(**スカラー**)である。単位は m/s や km/h を用いる。

2 変位……物体が，どの向きにどのくらい移動したかを表す物理量で，大きさと向きをもつ量(**ベクトル**)である。

3 速度……運動の向きと速さを合わせた量で，単位時間あたりの変位。**ベクトル**である。

4 等速直線運動……一直線上を，一定の速さで進む運動。時刻 t_1 から t_2 の間に x_1 から x_2 へ進んだとき，この間の平均の速さ v は，

$$v = \frac{x_2 - x_1}{t_2 - t_1} = \frac{\Delta x}{\Delta t} \qquad x = vt$$

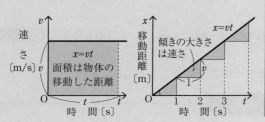

速さ〔m/s〕v

$x = vt$
面積は物体の移動した距離

時間〔s〕

移動距離〔m〕

傾きの大きさは速さ

$x = vt$

v

1

時間〔s〕

5 速度の合成・相対速度

① **速度の合成**…速さ v_1〔m/s〕で走る電車の中で，人が同じ向きに速さ v_2〔m/s〕で移動したら，その人の速さは $v_1 + v_2$〔m/s〕となる。逆向きに移動した場合，その人の速さは $v_1 - v_2$〔m/s〕となる。一般に，合成速度は，

$$v = v_1 + v_2$$

② **相対速度**…速度の合成では，2つの物体を第三者的な立場でみていたが，相対速度では，当事者の立場で観察することになり，一方から他方をみると考える。

速さ v_A〔m/s〕で走る電車の速度は，同じ向きに速さ v_B〔m/s〕で駅のホームを移動する人には，$v_A - v_B$〔m/s〕と観測される。逆向きに移動する人には，電車の向きを正とすると，$v_A + v_B$〔m/s〕と観測される。一般に，A に対する B の相対速度は，

$$v_{AB} = v_B - v_A$$

□ **1** 図中の □ に数値や名称を記入し，③，⑥にグラフを描きなさい。

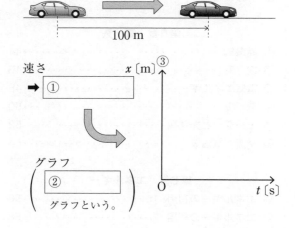

4.0 s

100 m

速さ → ①

②
グラフという。

x〔m〕③

グラフ

O
時間〔s〕 t〔s〕

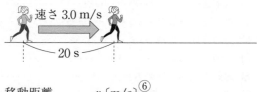

速さ 3.0 m/s

20 s

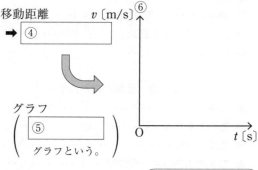

移動距離 → ④

⑤
グラフという。

v〔m/s〕⑥

グラフ

O
t〔s〕

□ **2** 時速 100 km は，何 m/s か求めなさい。

✓ Check

↳ **2** 1 h = 3600 s である。

( )

□ **3** 地球の自転周期は 24 時間，赤道の長さは 40000 km である。
次の各問いに答えなさい。

(1) 赤道上にいる人が地球の自転によって移動する速さは，何
km/h ですか。　　　　　　　　（　　　　　　　）

(2) (1)の速さは，何 m/s ですか。　（　　　　　　　）

↪ **3** 物理では，m/s を
単位として用いるこ
とが多い。

□ **4** 時刻 0 s で $x=15.0$ m の位置に
あった物体が，一定の速度で運動し
て，時刻 5.0 s に $x=5.0$ m に達した。
次の各問いに答えなさい。

(1) この運動の x–t グラフを右に描
きなさい。

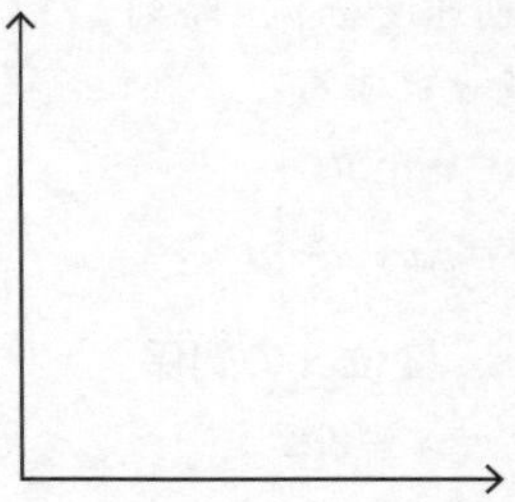

(2) 物体の速度は何 m/s ですか。　　（　　　　　　　）

Q確認

速　度

速度はベクトルで
向きをもつ。したが
って，正の向きと逆
向きのときには，負
の値をとる。

□ **5** 東向きに速度 10 m/s で等速直線運動をする物体がある。次
の各問いに答えなさい。

(1) この物体が西向きに移動することはありますか。

（　　　　　　　）

(2) この物体が運動を開始してから 1 時間後には何 km 進みます
か。　　　　　　　　　　　　（　　　　　　　）

↪ **5** 物体が一直線上を
一定の速さで進む運
動を**等速直線運動**と
いう。

□ **6** 流れの速さが 3.0 m/s のまっすぐな川がある。また，
静止した水面上では速さ 5.0 m/s で進むことができる船
がある。川岸で静止した人が見るとき，次の各問いに答
えなさい。

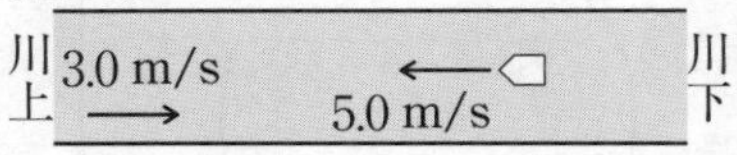

(1) 図 1 のように，川下に向かって船が進むときの速さ
を求めなさい。　　　　　　（　　　　　　　）

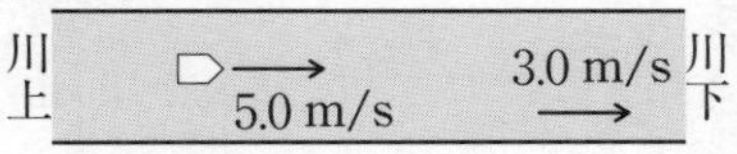

(2) 図 2 のように，川上に向かって船が進むときの速さ
を求めなさい。　　　　　　（　　　　　　　）

〔図1〕

川上　▷ → 　　　　3.0 m/s 川下
　　　5.0 m/s 　　　→

〔図2〕

川上 3.0 m/s 　　← ◁ 　川下
　　→ 　　　5.0 m/s

□ **7** 285 km/h で進む電車と，同じ向きに 60 km/h で進む自動車
がある。進む向きを正として，次の各問いに答えなさい。

(1) 自動車からみた電車の相対速度を求めなさい。

（　　　　　　　）

(2) 電車からみた自動車の相対速度を求めなさい。

（　　　　　　　）

↪ **7** 自動車が止まって
いる場合，自動車か
ら電車を見ると +285
km/h の速さで動い
ているように見える。

② 加速度

✏ POINTS

1 加速度……単位時間あたりの速度の変化で，ベクトルである。単位は m/s^2。

2 等加速度直線運動……加速度が一定の直線運動。加速度を a，初速度を v_0，時刻 t における速度を v，変位を x とすると，

① t〔s〕後の速度…$v=v_0+at$

② t〔s〕後の位置…$x=v_0t+\dfrac{1}{2}at^2$

③ 速度 v と初速度 v_0，変位 x の関係
$$v^2-v_0^2=2ax$$

3 等加速度運動の v-t グラフ……グラフの傾きが加速度の大きさを示す。面積が変位を示す。

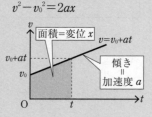

4 等加速度直線運動のグラフの事例（負の加速度）……斜面を物体が初速度 10 m/s，加速度 -2 m/s^2 で運動した場合について，時刻と速度を表にして，グラフを描くと，次のようになる。

時刻 t〔s〕	0	1	2	3	4	5	6	7	8	9	10
速度 v〔m/s〕	10	8	6	4	2	0	-2	-4	-6	-8	-10

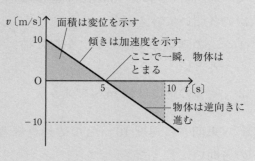

□ **1** 図中の ☐ に数値や名称を記入し，③，⑥にグラフを描きなさい。

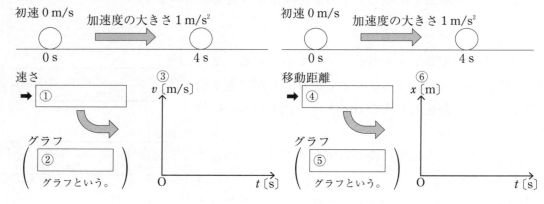

□ **2** 初速 0 m/s で斜面を下った物体が，5 秒後に 10 m/s になった。この物体の加速度の大きさは何 m/s^2 か求めなさい。

(　　　　　)

□ **3** 初速 0 m/s，加速度の大きさ 2 m/s^2 で，斜面を 4 m 下った物体の速さを求めなさい。

(　　　　　)

✅ Check

2・3 次の公式をうまく使うとよい。
$$v=v_0+at$$
$$x=v_0t+\dfrac{1}{2}at^2$$
$$v^2-v_0^2=2ax$$

4

□ **4** 初速度 10 m/s で斜面を上った物体が，5秒後に斜面を折り返した。次の各問いに答えなさい。

(1) この物体の加速度は何 m/s² ですか。

(　　　　)

(2) 10 秒後の速度は何 m/s ですか。

(　　　　)

Q確認

速 度

速度は，初速度の向きを正にとる。加速度が負のときには要注意である。

□ **5** 右の図は直線上を運動する物体の速度 v と，出発してからの時間 t の関係をグラフに表したものである。次の各問いに答えなさい。

(1) 加速度 a と時間 t の関係をグラフに表しなさい。

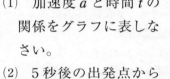

(2) 5秒後の出発点からの距離を求めなさい。

(　　　　)

(3) 出発点から最も遠くはなれるのは何秒後ですか。

(　　　　)

(4) (3)のとき，その距離は何 m ですか。

(　　　　)

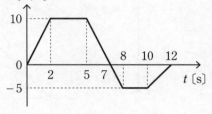

▶ **5** v-t グラフでは，グラフ中の面積が物体の変位に等しくなる。

□ **6** 力学台車を水平から 30° に傾けた滑らかな斜面の上に置き，静かにはなしたところ，力学台車は斜面上を滑り降りた。このときの力学台車の運動を記録するため，記録テープを力学台車にとりつけた。この運動について，次の各問いに答えなさい。

(1) 記録テープを $\frac{1}{10}$ 秒ごとに切り分けたい。1秒間に 50 回打点する記録タイマーを用いて測定した場合，何打点ごとにテープを切るとよいですか。 (　　　　)

(2) 力学台車の運動を記録した記録テープを $\frac{1}{10}$ 秒ごとに切って，グラフ用紙に貼った場合，貼られた記録テープの様子として，正しいものはどれか，次の**ア**～**エ**のうちから1つ選びなさい。 (　　　　)

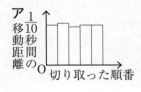
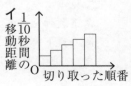
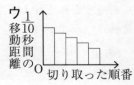
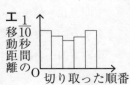

📝 POINTS

1 **重力加速度 g の大きさ**……$g = 9.8 \ \mathrm{m/s^2}$

2 **重力**……物体の質量を m〔kg〕，重力の大きさを W〔N〕とすると，

$$W = mg$$

3 **自由落下**……鉛直下向きに y 軸をとると，

$$v = gt \qquad y = \frac{1}{2}gt^2$$

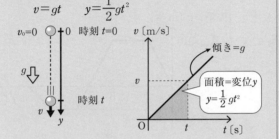

4 **鉛直投げ下ろし**……鉛直下向きに y 軸をとり，初速度を v_0 とすると，

$$v = v_0 + gt \qquad y = v_0 t + \frac{1}{2}gt^2$$

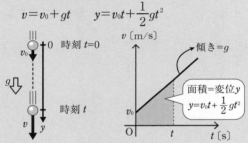

5 **鉛直投げ上げ**……鉛直上向きに y 軸をとり，初速度を v_0 とすると，

$$v = v_0 - gt \qquad y = v_0 t - \frac{1}{2}gt^2$$

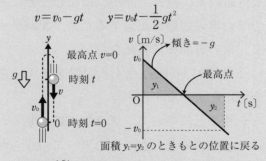

面積 $y_1 = y_2$ のときもとの位置に戻る

6 **水平投射**……水平方向に投げ出す。鉛直下向きに y 軸をとり，初速度を v_0 とすると，

水平方向…等速直線運動　$v_x = v_0$　$x = v_0 t$

鉛直方向…自由落下　$v_y = gt$　$y = \frac{1}{2}gt^2$

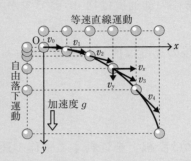

7 **斜方投射**……斜め上向きに投げ出す。鉛直上向きに y 軸をとり，初速度を v_0 とすると，初速度の x 成分，y 成分は

　　x 成分；$v_0 \cos\theta$　　　y 成分；$v_0 \sin\theta$

水平方向…等速直線運動

$$v_x = v_0 \cos\theta \qquad x = v_0 \cos\theta \cdot t$$

鉛直方向…鉛直投げ上げ

$$v_y = v_0 \sin\theta - gt \qquad y = v_0 \sin\theta \cdot t - \frac{1}{2}gt^2$$

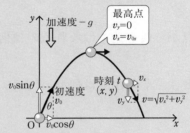

　有名な物理の問題として，モンキーハンティングという実験がある。ハンターがサルに向けて鉄砲を打ったとき，銃声と同時にサルが木から落ちたとする。

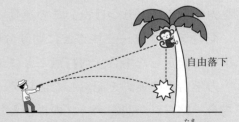

自由落下

　サルは自由落下をし，鉄砲の弾は上の図で見るように鉛直方向には重力に引かれて落下運動をする。このとき，落下開始の位置の真下でサルと弾の位置が一致する。つまり，弾は必ずサルに命中する。

□ **1** 重力加速度の大きさを g〔m/s²〕として，自由落下のグラフを描きなさい。

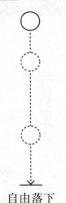

自由落下

① 自由落下の v–t グラフ

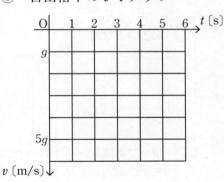

② 自由落下の y–t グラフ

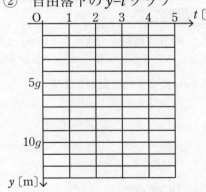

□ **2** 初速度 9.8 m/s で，鉛直下向きに投げ下ろした物体の運動について，次の各問いに答えなさい。ただし，重力加速度の大きさを 9.8 m/s² とする。

(1) 2 秒後の速さは何 m/s ですか。

(　　　　　)

(2) 2 秒間の落下距離は何 m ですか。

(　　　　　)

✓Check

↳ **2** 初速度を v_0 とすると，時間 t〔s〕後の落下速度 v〔m/s〕は，
$$v = v_0 + gt$$
落下距離 y〔m〕は，
$$y = v_0 t + \frac{1}{2} g t^2$$
である。

□ **3** 初速度 19.6 m/s で，鉛直上向きに投げ上げた物体の運動について，次の各問いに答えなさい。ただし，重力加速度の大きさを 9.8 m/s² とする。

(1) この物体が，最高点に達するまでの時間とその高さを求めなさい。　　時間(　　　　　)　高さ(　　　　　)

(2) この物体が，再び投射点の高さに戻ってくるまでの時間とそのときの速度を求めなさい。

時間(　　　　　)　速度(　　　　　)

Q確認

最高点と戻ってきた点の関係

3 では，y–t グラフが，最高点を通る y 軸に平行な直線を対称の軸として，線対称のグラフになる。そのため，最高点までの時間とそこから投射点まで戻ってくる時間は等しい。

□ **4** 高さ 19.6 m のビルの屋上から，水平に速度 4 m/s で物体を投げた。物体の落下地点までの水平距離を求めなさい。ただし，重力加速度の大きさを 9.8 m/s² とする。

(　　　　　)

④ 力とその表し方

解答▶別冊P.3

📝 POINTS

1 力の3要素……大きさ・向き・作用点
力の大きさの単位…ニュートン〔N〕

2 はたらく力を見つけ出す
① 地球上の物体には常に重力（＝地球が物体を「引く」力）がはたらく。
② 接触している物体からは「押す」力，または「引く」力を受ける。

3 力の表し方……矢印を用いる。
① **力の大きさ**…矢印の長さ
② **力の向き**…矢印の向き
③ **力の作用点**…矢印の始点

力の大きさ→矢印の長さ

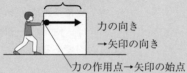

力の向き
→矢印の向き

力の作用点→矢印の始点

4 いろいろな力

重力
垂直抗力
張力
弾性力
重力
重力

5 フックの法則……ばねの**弾性力**の大きさ F
〔N〕は，ばねの伸び（または縮み）x〔m〕に比例。
$$F=kx$$

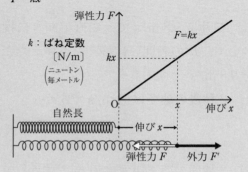

弾性力 F

k：ばね定数
〔N/m〕
（ニュートン
毎メートル）

$F=kx$

kx

O
x
伸び x

自然長

伸び x

弾性力 F
外力 F'

□ **1** 次の力の矢印と名称を図に描きなさい。

① 机の上に置いたリンゴに作用する重力

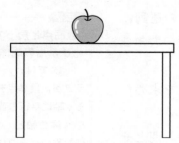

② 図の球にはたらくすべての力

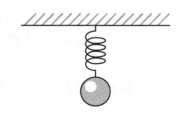

□ **2** 右の図は，質量 0.10 kg のボールを空中に投げたときの運動のようすを表している。このボールにはたらく力を図中に矢印で記入し，その名称とはたらく力の大きさを答えなさい。ただし，空気の抵抗は小さく無視できるものとし，地球上の重力加速度の大きさを 9.8 m/s² とする。

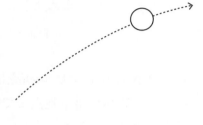

（　　　　　　　　）

□ **3**　ばねについて，次の各問いに答えなさい。

(1)　つる巻きばねを 2.0 N の大きさの力で引いたところ，ばねは 0.10 m 伸びた。このばね定数は，何 N/m ですか。

（　　　　　　）

(2)　ばね定数 k 〔N/m〕のばねを，次の①と②のように 2 本つなげた。2 本のばねを合わせて 1 本のばねと見なしたときのばね定数を，それぞれ求めなさい。

①

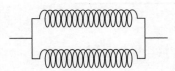

（　　　　　　）

②

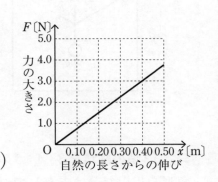

（　　　　　　）

✓Check

⤷ **3**　フックの法則より，ばね定数を k，ばねの伸びを x，加えた力の大きさを F とすると，
　$F = kx$
となる。

Q確認

ばねの接続

ばねを 2 本，並列につなげると，きつくなって引きにくくなるため，**ばね定数は大きくなる。**

□ **4**　あるばねを F〔N〕の大きさの力で引いたところ，自然の長さからの伸び x〔m〕は，右のグラフに示すようになった。グラフから，このばねのばね定数を求めなさい。

（　　　　　　）

F〔N〕
力の大きさ
5.0
4.0
3.0
2.0
1.0
O　0.10 0.20 0.30 0.40 0.50 x〔m〕
自然の長さからの伸び

□ **5**　質量 1.0 kg のおもりをつるすとばねの長さは 0.30 m になり，2.0 kg のおもりをつるすと 0.40 m になるばねがある。このばねの自然の長さは何 m ですか。また，ばね定数は何 N/m ですか。ただし，重力加速度の大きさを 9.8 m/s²，ばねの質量は無視できるものとする。

ばねの自然の長さ（　　　　　　）　ばね定数（　　　　　　）

⑤ 力の合成と分解

解答▶別冊P.4

🖊 POINTS

1 力の合成と分解……力の合成と分解は，裏表の関係にある。ある力は2力に分解する（**力の分解**）ことができ，その2力を合成（**力の合成**）したものはもとの力と等しくなる。このとき，分解した力を**分力**，合成した力を**合力**という。

　いま質量 m の12個の鉄球があるとする。これを，次のように，3つに分けてつるし，つりあわせたい。どのように12個を分配すればよいだろうか。

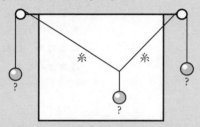

① 12個の鉄球を4個ずつ3つに分けると，図のように，120°の角度をなして，つりあう。

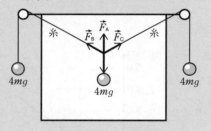

このことは，$\vec{F_B}$ と $\vec{F_C}$ の合力が $\vec{F_A}$ であるということと，$\vec{F_A}$ の分力が $\vec{F_B}$ と $\vec{F_C}$ になるということを示している。

$$\vec{F_A} = \vec{F_B} + \vec{F_C}$$

② 12個の鉄球を，3個，4個，5個に分けると，辺の長さの比が3：4：5の直角三角形になり，直交座標に分けられる。

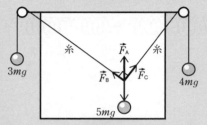

③ x–y 直交座標

　力 $\vec{F}$ は x 軸と角 θ をなすとする。力 $\vec{F}$ を x–y 直交座標を用いて，x 方向と y 方向の2力に

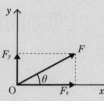

分解したとき，それぞれを x 成分，y 成分という。角 θ を用いて表すと，それぞれ

$$F_x = F\cos\theta, \quad F_y = F\sin\theta$$

F は $\vec{F}$ の大きさで，F_x，F_y を用いて表すと，

$$F = \sqrt{F_x^2 + F_y^2}$$

□ **1**　12個の鉄球を3：4：5の直角三角形を用いた分け方をしてつり下げたところ，右の図のようにつりあった。このときの合力 $\vec{F}$ を糸の方向に分解した力を，右の図に描き加えなさい。また，$\vec{F}$ の力の大きさを F としたとき，分解したそれぞれの力の大きさを，θ を用いて□内に表しなさい。

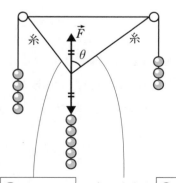

力の大きさ ①
力の大きさ ②

□ **2** 図の力 $\vec{F_1}$ と力 $\vec{F_2}$ を合成しなさい。

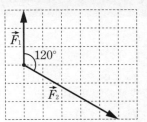

✓Check

↳ **2** 力の合成は，三角形を利用しながら合力を求める方法と，平行四辺形の対角線として求める方法がある。

□ **3** 図の力 $\vec{F}$ を，l_1 と l_2 の方向に分解しなさい。

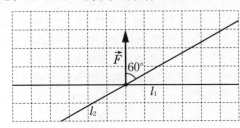

□ **4** 次の力を破線の方向に分解し，それぞれの分力の大きさを求めなさい。ただし，$\sqrt{3} ≒ 1.7$ とする。

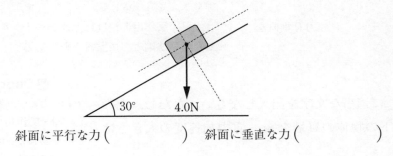

斜面に平行な力 (　　　　　　) 　斜面に垂直な力 (　　　　　　)

□ **5** 次の力を，x-y 直交座標で x 成分，y 成分に分解し，それぞれの分力の大きさを求めなさい。ただし，$\sqrt{2} ≒ 1.4$ とする。

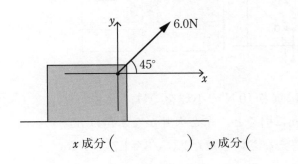

x 成分 (　　　　　　) 　y 成分 (　　　　　　)

確認

分力の成分

　力 $\vec{F}$ を x 軸方向，y 軸方向に分解した分力 $\vec{F_x}$，$\vec{F_y}$ の大きさに向きを表す正負の符号をつけたものを力 $\vec{F}$ の x 成分，y 成分という。

⑥ 力のつりあい

📝 POINTS

1 力のつりあい

複数の力がつりあう ⇔ 合力＝0

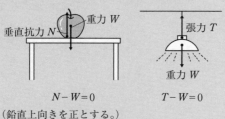

$N-W=0$（鉛直上向きを正とする。） $T-W=0$

2 2力のつりあい

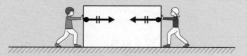

1つの物体にはたらく**2つの力**が
・同一作用線上にある
・力の大きさが等しい
・互いに逆向き
であるとき，2力はつりあい，物体は静止または等速直線運動を行う。（$\vec{F_1}+\vec{F_2}=\vec{0}$）

3 3力のつりあい……それぞれの力を垂直な2方向に分ける。

x 成分のつりあいの式
$$F_{1x}+F_{2x}+F_{3x}=0$$
y 成分のつりあいの式
$$F_{1y}+F_{2y}+F_{3y}=0$$
それぞれの成分で，つりあいの式を考えればよい。

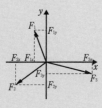

4 作用・反作用の法則……物体Aが物体Bに力を加えているとき，必ず物体Bは物体Aに力を及ぼす。これらの力の一方を**作用**というとき，他方を**反作用**という。

作用・反作用の2力は，
・同一作用線上にある
・力の大きさが等しい
・互いに逆向き
であるが，2力のつりあいとは異なり，**別物体間**での物理現象である。

ボートを押す力　反作用の力（押し返される）　自分も動いてしまう

作用・反作用の法則は，ニュートンの**運動の第3法則**として整理されている。

✅ **Check**

□ **1** 次の図中の □ に適当な文字を記入しなさい。ただし，上の物体の質量を m_1，下の物体の質量を m_2，重力加速度の大きさを g とする。

> 1 力のつりあいと作用・反作用では，同一物体か，別物体間かに注目しよう！

力の大きさ ① □　力の大きさ ② □

aとつりあう力 ➡ ③ □

eとつりあう力 ➡ ④ □

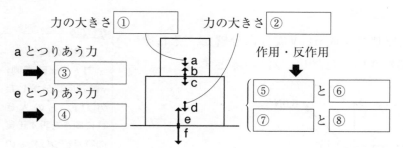

作用・反作用 ⬇

⑤ □ と ⑥ □

⑦ □ と ⑧ □

□ **2** 図のように，軽い糸に重さ 10 N の小球をつけ，天井（てんじょう）からつるした。小球を水平方向に引くと，糸と天井がなす角は 30°となった。次の各問いに答えなさい。ただし，$\sqrt{3}≒1.7$ とする。

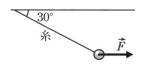

(1) 糸が小球を引く力の大きさを求めなさい。

2 (1)糸が小球を引く張力を T とおき,力の分解によって求める。y 軸に平行な分力と重力の大きさは等しくなる。

(2)水平方向に引く力は,張力 T の x 軸に平行な分力と等しい。

(　　　　)

(2) 糸を水平に引く力の大きさを求めなさい。

(　　　　)

□ **3** 重さ 20 N のおもりに,軽い糸を 2 本とりつけ天井からつるした。それぞれの糸に作用する張力を求めなさい。ただし,$\sqrt{3}≒1.7$ とする。

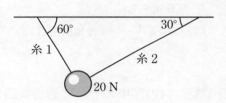

糸1の張力(　　　　)　　　糸2の張力(　　　　)

□ **4** 図 A,B のように,ばねにおもりをとりつけた。ばねもおもりもすべて同一とするとき,図 A,B のばねの長さを比較し,ばねの長さはどうなるか答えなさい。

4 ばねは,両方から引かれて,はじめて伸びる。片方からしか引かれない場合は,加えられた力の向きに移動する。

A

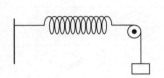

B

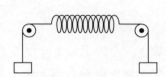

(　　　　　　　　　)

✎ POINTS

1 運動の第1法則(慣性の法則)……物体にはたらく力の合力が0のとき,静止している物体は静止を続け,運動している物体は**等速直線運動**を続ける。

だるま落としで,たたかれなかった木はその場にとどまり続けようとする。

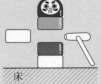

床

2 運動の第2法則(運動の法則)……物体にはたらく力の合力が0でないとき,合力の向きに加速度が生じる。加速度 a の大きさは合力の大きさ F に比例し,物体の質量 m に反比例する。

$$a = k\frac{F}{m} \quad (k \text{ は比例定数})$$

3 運動方程式……運動の第2法則より,$k=1$ とすると,$ma=F$ と表すことができる。これを運動方程式といい,これにより次のことがいえる。

【力を加えると加速度が生じる】

【加速度は力に比例する】

【加速度は質量に反比例する】

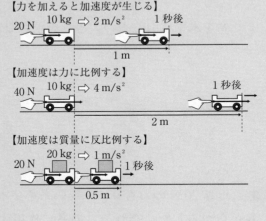

□ **1** 次の図中の▢に適当な語句または理由を記入しなさい。

(1) 一定の速度で,直線運動をしている物体

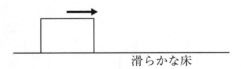

滑らかな床

(2) 一定の速度で走行しているバス

バスが
急ブレーキを
かけると

(1) この物体の水平に作用する力

➡ 水平方向に力は ①▢

(2) バスに乗車している人

➡ ②▢

その理由

➡ ③▢

□ **2** 机にテーブルクロスを敷き,その上にカップや皿をいくつか置いたとき,カップや皿を机から落とすことなく,テーブルクロスのみを一動作でとり除くにはどうすればよいか答えなさい。また,その理由を述べなさい。

動作(　　　　　　　　　　　　　　　　　　　)

理由(　　　　　　　　　　　　　　　　　　　)

□ **3** 次のように，力学台車の質量 m を変化させたり，力学台車を引く力の大きさ F を変化させたりして，加速度 a の測定を行ったところ，表に示すデータを得た。下の各問いに答えなさい。

引く力 F 〔N〕 / 質量 m 〔kg〕	$F_1=1.0$	$F_2=2.0$	$F_3=3.0$	$F_4=4.0$
$m_1=1.0$	 $a_1=1.0 \text{ m/s}^2$	$a_2=2.0 \text{ m/s}^2$	$a_3=3.0 \text{ m/s}^2$	$a_4=4.0 \text{ m/s}^2$
$m_2=2.0$	0.50	1.0	1.5	2.0
$m_3=3.0$	0.33	0.67	1.0	1.3
$m_4=4.0$	0.25	0.50	0.75	1.0

(1) 横軸に a，縦軸に F をとって，$m_1=1.0$ の場合の F-a グラフを描きなさい。また，グラフの傾き k_1 を求めなさい。

k_1 (　　　　　)

✓ Check

↪ **3** この問題のように，さまざまな法則は実験のデータを利用することで求めることができる。

(2) (1)と同じように，$m_2=2.0$，$m_3=3.0$，$m_4=4.0$ の場合で，それぞれの F-a グラフを描いたときの，それぞれのグラフの傾き k_2，k_3，k_4 を答えなさい。

k_2 (　　　　) 　 k_3 (　　　　) 　 k_4 (　　　　)

(3) (2)で求めたそれぞれの質量 m の値と k の値との間の関係式を，k-m グラフを描いて求めなさい。

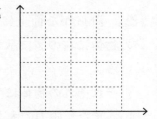

関係式 (　　　　　　　)

(4) 質量 m と引く力 F と加速度 a の関係式を，(1)～(3)をもとに考えて，求めなさい。

(　　　　　)

15

⑧ 運動の法則・運動方程式 ②

解答▶別冊P.6

✎ POINTS

1 運動方程式 $ma=F$ の扱い方

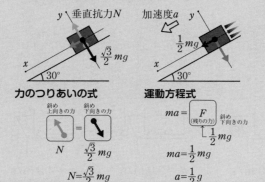

力のつりあいの式

$$N = \frac{\sqrt{3}}{2} mg$$

運動方程式

$$ma = F_{(残りの力)}$$

$$ma = \frac{1}{2} mg$$

$$a = \frac{1}{2} g$$

① 着目する物体にはたらく力を図示する。
② ①で図示した力を，運動方向と，垂直方

向とに分解する。
③ ②の各方向について運動方程式をたてる。
（必要があれば，運動に垂直な方向について，力のつりあいの式をたてる。）
④ ③の式を解いて，未知量を求める。

2 2つ以上の物体の運動の扱い方……物体 P，Q についてそれぞれ運動方程式をたてる。

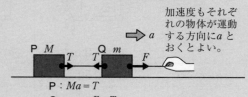

加速度もそれぞれの物体が運動する方向に a とおくとよい。

$$P : Ma = T$$
$$Q : ma = F - T$$

□ 1 滑らかな水平面上にある質量 m の物体に，下の図に示すように水平に力 F が作用している。図中の □ に適当な文字または式を記入しなさい。ただし，垂直抗力の大きさを N，重力加速度の大きさを g とする。

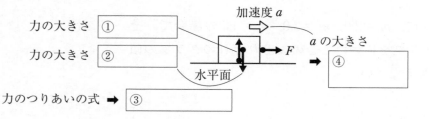

力の大きさ ①

力の大きさ ②

加速度 a

a の大きさ ④

力のつりあいの式 ➡ ③

□ 2 滑らかな面上にある糸で結ばれた質量 m_1，m_2 の物体に右の図に示すように水平な力 F が作用している。

それぞれの物体に生じる加速度 a_1，a_2 を求めなさい。また，張力の大きさを求めなさい。

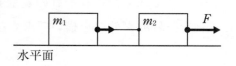

$a_1=($) $a_2=($)   張力（   ）

✔ Check

1 必要な力だけで運動方程式をたてて，加速度を求める。
　使わない力については，運動方程式をたてないように注意。

2 物体全体についての運動方程式は，
$(m_1+m_2)a=F$
となる。物体どうしはつながれているため，加速度 a_1，a_2 の大きさは等しい。

□ **3** 滑らかな水平面上にある質量 m_1，m_2 の物体に右の図のように，水平な力 F が作用している。物体に生じる加速度 a と，物体間で押しあう力 R を求めなさい。

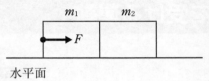

↪ **3** 物体間で押し合う力 R は作用・反作用の法則によりそれぞれ等しい。それぞれの物体について運動方程式をたてて考える。

$a=$ (　　　　　　　)　$R=$ (　　　　　　　)

□ **4** 右の図のように，質量 m_1，m_2 の 2 物体が，糸で結ばれて運動している場合の両物体の加速度 a および張力 T を求めなさい。ただし，面は滑らかで，重力加速度の大きさを g とする。

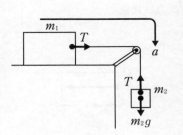

↪ **4** 運動方程式は，物体が運動する向きを正とすると計算しやすい。
　この問題では，質量 m_2 の物体が落下する鉛直下向きを正として考える。

$a=$ (　　　　　　　)　$T=$ (　　　　　　　)

□ **5** 滑らかな滑車を通して質量 m_1，m_2，$(m_1 > m_2)$ の 2 物体が糸で結ばれている。両物体の加速度 a および，糸の張力 T を求めなさい。ただし，重力加速度の大きさを g とする。

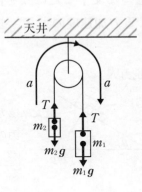

↪ **5** $m_1 > m_2$ より質量 m_1 の物体は鉛直下向きに，質量 m_2 の物体は鉛直上向きに運動する。

$a=$ (　　　　　　)　$T=$ (　　　　　　)

□ **6** 傾きの角 θ のなめらかな斜面に，質量 m の物体を置いた場合の斜面方向の加速度 a と，垂直抗力 N を求めなさい。ただし，重力加速度の大きさを g とし，斜面は固定されているとする。

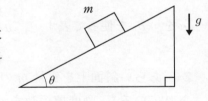

$a=$ (　　　　　　)　$N=$ (　　　　　　)

⑨ 抵抗力を受ける運動

解答▶別冊P.8

📝 POINTS

1 静止摩擦力

物体は静止　押す力 f_1
F_1

fを大きくしたが物体はまだ静止 f_2
F_2

動く直前 f_3
F_0

$F_1=f_1$(静止摩擦力)　$F_2=f_2$(静止摩擦力)　$F_0=f_3=\mu N$(最大摩擦力)

静止摩擦力 $F \leqq$ 最大摩擦力 F_0

$F_0=\mu N$　μ:静止摩擦係数

最大摩擦力は垂直抗力に比例

2 動摩擦力

$F'=\mu'N$

μ':動摩擦係数

動摩擦力は
垂直抗力に比例

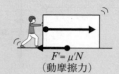

$F'=\mu'N$
（動摩擦力）

3 空気抵抗

R〔N〕$=kv$

k:比例定数

v:物体の速度

空気抵抗は
速度に比例

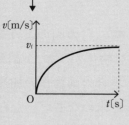

kv
空気抵抗
重力
下向きが
正の方向
mg

4 終端速度……空気

中で落下する物体の
速度は，落下するに
つれて一定になる。
最終的に一定になっ
た速度を**終端速度 v_t**
という。

v〔m/s〕
v_t
O　　t〔s〕

□ **1** あらい斜面の傾きを，徐々に大きくしたところ質量 m の小物体が動き出そうとした。このときの斜面の傾きの角を θ_0 とする。図中の□に適当な文字または式を記入しなさい。ただし，静止摩擦係数を μ，重力加速度の大きさを g とし，斜面は動かないものとする。

✔ Check

🔍確認

摩擦角

左の図のような，斜面上の物体が動き出すときの斜面の角 θ_0 を**摩擦角**という。

↪ **1** この問題のように，物体にはたらく力を図示することにより，問題は解けるようになる。

力の図示をしっかり行うことが大切である。

力の大きさ
①

垂直抗力 N

最大摩擦力 F_0

力の大きさ
②

θ_0

重力 mg

斜面に平行な成分のつりあい➡③

斜面に垂直な成分のつりあい➡④

μ を，θ_0 を使って表す　　$\mu = \dfrac{F_0}{N} =$ ⑤

□ **2** あらい斜面上を質量 m の物体が運動している（斜面は固定されている）。動摩擦係数を μ'，斜面の傾きの角を θ，重力加速度の大きさを g とするとき，次の各問いに答えなさい。

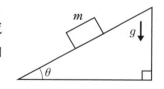

m
g
θ

(1) この物体が斜面を滑り降りているときの加速度 a_1 を求めなさい。ただし，斜面下向きを正とする。

$$a_1 = (\qquad\qquad\qquad)$$

(2) この物体が斜面を滑り上がっているときの加速度 a_2 を求めなさい。ただし，斜面上向きを正とする。

$$a_2 = (\qquad\qquad\qquad)$$

(3) この物体が初速度 v_0 で斜面を滑り上がるとき，物体が静止するまでに移動する距離 x を求めなさい。ただし，いったん静止すると，この物体は斜面の傾きの角 θ では滑らないとする。

$$x = (\qquad\qquad\qquad)$$

□ **3** あらい面上に，質量 m の物体がある。これに，水平から角 θ だけ上方に傾いた方向に力 F を加えて引いた。物体が動き出すために必要な F の大きさを表す条件式を求めなさい。ただし，静止摩擦係数を μ，重力加速度の大きさを g とする。

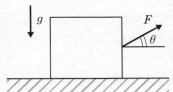

$$(\qquad\qquad\qquad)$$

□ **4** 質量 m の物体が，空気中を落下しているとき，次の各問いに答えなさい。ただし，重力加速度の大きさを g とする。

(1) 落下物体の断面が小さい場合，物体は速度に比例する抵抗力（比例定数：k_1）を受ける。この場合の終端速度を求めなさい。

$$(\qquad\qquad\qquad)$$

(2) 落下物体の断面が大きい場合，物体は速度の2乗に比例する抵抗力（比例定数：k_2）を受ける。この場合の終端速度を求めなさい。

$$(\qquad\qquad\qquad)$$

2 物体にはたらく重力 mg を分解し，斜面に平行な力の成分は運動方程式，斜面に垂直な力の成分については力のつりあいの式をたてて考える。

3 条件式とは，2つ以上の力にどのような関係があるのか表す式である。
等号や不等号を用いて表す。

4 終端速度では，それ以上に加速しないので，加速度は0である。

⑩ 圧力と浮力

解答▶別冊P.9

📝 POINTS

1 圧力……単位面積 S あたりにかかる力 F。

$$p = \frac{F}{S}$$

　例えば，ハイヒールのかかとで足を踏まれた場合と，スニーカーの底で踏まれた場合では，ハイヒールで踏まれた方が痛い。

2 圧力の単位……パスカル〔Pa〕＝〔N/m²〕

重力：$W = mg = 4.9 \times 9.8$〔N〕
底面積：$S = 4.9 \times 9.8 \times 10^{-4}$〔m²〕
圧力：$p = \dfrac{4.9 \times 9.8}{4.9 \times 9.8 \times 10^{-4}}$
　　　$= 10000$〔Pa〕

3 大気圧……地上には，宇宙との境界にまで空気の柱があると考えることができる。そのため，地上では**大気による圧力（大気圧）**がかかる。1 気圧 $= 1.013 \times 10^5$ Pa $= 1013$ hPa である。

　地上付近では，気圧 $p = \rho g h$（ρ：密度）の式が使え，高い所へ行くとその分 h（空気の柱の長さ）が小さくなり，気圧は小さくなる。

　また，富士山の山頂付近では，気圧は約 0.63 気圧で，空気の濃さは地上の約 3 分の 2 である。気圧が低いため水面を押さえつける力が弱く，水は約 88℃ で沸騰する。

4 液体の圧力

① 深くなるほど圧力は大きくなる。
　密度 ρ の液体中で深さ h の圧力 p は，
　$p = \rho g h$
　水の場合，この圧力を**水圧**という。
　水面に加わる大気圧 p_0 まで考えると，
　$p' = \rho g h + p_0$

② 同じ深さでは，容器の形によらず水圧は一定。

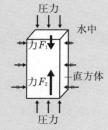

5 浮力……流体が物体を押し上げる力。

$$F = \rho V g \,(= F_2 - F_1)$$

　（V は物体が押しのけた液体の体積）

□ **1**　透明なガラスの円柱の容器に水を入れた。底にかかる圧力を求めるとき，図中の □ の①～③には適当な文字式を，④には圧力の単位を記入しなさい。ただし，底の面積を S〔m²〕，水の密度を $\rho = 1.0 \times 10^3$ kg/m³ とし，重力加速度の大きさを g〔m/s²〕とする。

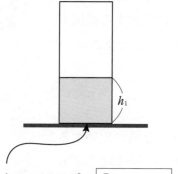

底にかかる圧力 $p_1 = 1.0 \times 10^3 \times$ ①

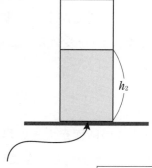

底にかかる圧力 $p_2 = 1.0 \times 10^3 \times$ ②

底にかかる圧力 p を，密度 ρ，高さ h を用いて表す ➡ $p =$ ③

圧力の単位 ➡ ④

□ **2** 質量が 5.5 kg，直径 22 cm のボウリングのボールを，図のような筒の中に入れ，その筒の上をふさいで，掃除機につないだ。掃除機で吸引すると，ボウリングのボールは浮き上がった。ボウリングの球が浮き上がったときの，筒内の気圧〔Pa〕を求めなさい。

　　ただし，1 気圧＝1.013×10^5 Pa，重力加速度の大きさを 9.8 m/s^2 とする。

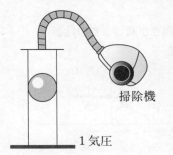

掃除機

1 気圧

✔**Check**

Q確認

底からも 1 気圧
ボウリングのボールは，下からも 1 気圧で押し上げられている。

（　　　　　　）

□ **3** 氷を水に浮かべると，一部が水面より上に出ている。氷が水面より上に出ている部分の体積の割合（%）を求めなさい。ただし，氷の密度を 0.92×10^3 kg/m^3，水の密度を 1.0×10^3 kg/m^3 とする。

3 氷にはたらく重力の大きさと，水による浮力は等しい。

（　　　　　　）

□ **4** 質量 M〔kg〕で容積 V〔m^3〕の気球がある。気球内に密度 ρ〔kg/m^3〕の気体を入れて膨らますと，気球は浮き上がった。気球が浮くための条件を求めなさい。ただし，気球のまわりの空気の密度を ρ_0〔kg/m^3〕，重力加速度の大きさを g とし，気球を構成する材料の体積は無視できるものとする。

4 気球にはたらく重力の大きさよりも，浮力の大きさが大きいとき，気球は浮く。

（　　　　　　）

□ **5** 体積 5.0×10^{-3} m^3 の物体が，密度 1.0×10^3 kg/m^3 の水中にある。次の各問いに答えなさい。ただし，重力加速度の大きさを 9.8 m/s^2 とする。

(1) この物体にはたらく浮力の大きさを求めなさい。

5 水中と食塩水中を比べると，密度が大きい食塩水中にあるほうが物体にはたらく浮力は大きくなる。

（　　　　　　）

(2) この物体が密度 1.1×10^3 kg/m^3 の食塩水中にあるとき，この物体にはたらく浮力の大きさを求めなさい。

（　　　　　　）

⑪ 仕事と仕事率

解答▶別冊P.10

📝 POINTS

1 力の向きと移動の向きが同じときの仕事

仕事＝力×移動距離

$W = Fx$ （単位：ジュール $[J] = [N\cdot m]$）

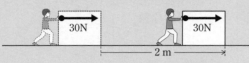

仕事 $W = Fx = 30\,N \times 2\,m = 60\,J$

2 力の向きと移動の向きが異なるときの仕事

$W = Fx\cos\theta$ （θ：力と移動方向のなす角）

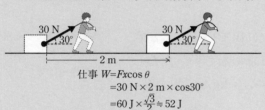

仕事 $W = Fx\cos\theta$
$= 30\,N \times 2\,m \times \cos30°$
$= 60\,J \times \dfrac{\sqrt{3}}{2} \fallingdotseq 52\,J$

3 仕事率……単位時間あたりの仕事。

$$P = \frac{W}{t} \quad (単位：ワット\,[W] = [J/s])$$

1 W とは 1 秒間あたり 1 J の仕事をする**仕事率**で，電力（➡ p.48 参照）の単位でもある。

1000 W＝1 kW

例 質量 m $[kg]$ の人が，階段をかけ上がったとき，かかった時間 t $[s]$ をはかり，仕事率 P $[W]$ を求めてみる。

階段全体の高さ H $[m]$ は，階段の 1 段分の高さ h $[m]$ に段数 n をかけて求めると，

$$P = \frac{mgH}{t} = \frac{mgnh}{t} \,[W]$$

となる。

□ **1** ある物体に大きさが F $[N]$ の一定の力を加えて x $[m]$ 移動させた。このとき，縦軸に力の大きさ F を，横軸に移動距離 x をとった $F\text{-}x$ グラフを描くと，仕事 W は $F\text{-}x$ グラフではどのように表されるか，右下の図に表しなさい。

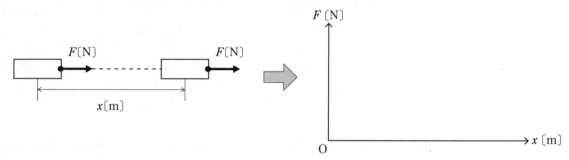

□ **2** 右の図のように，一定の速さで動いている貨車に，真上から垂直に大きさ F $[N]$ の力を加えた。このとき，力 F がした仕事 W を求めなさい。

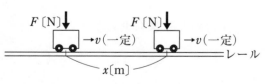

✅ **Check**

↳ **2** 力の向きと移動の向きがなす角を考える。

（　　　　　）

□ **3** 質量 500 g の物体について，次の各問いに答えなさい。ただし，重力加速度の大きさを 9.8 m/s² とする。

3 (3)物体を動かしている方向を正として考える。

(1) 1.0 m だけ自由落下したとき，重力が物体にした仕事を求めなさい。

（　　　　　）

(2) 水平方向に 1.0 m だけ移動させたとき，重力が物体にした仕事を求めなさい。

（　　　　　）

(3) 水平方向に対して 30° の角をなす斜面に沿って上方へ 1.0 m だけ動かしたとき，重力が物体にした仕事を求めなさい。

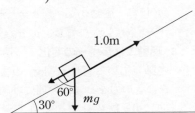

（　　　　　）

□ **4** 傾き θ の斜面上で，質量 m の物体を動かし続けたところ，一定の速さ v で動き続けた。このとき，動かす力の仕事率を求めなさい。ただし，重力加速度の大きさを g とする。

> **Q確認**
> **仕事率**
> 　仕事をする力の大きさを F〔N〕，速さを v〔m/s〕とすると，仕事率 P は
> 　$P = Fv$
> とも表される。

（　　　　　）

□ **5** x〔m〕ごとに 1 L の割合で，ガソリンを消費しつつ，一定の速さ v〔m/s〕で走行する自動車がある。ガソリンの燃焼によって発生するエネルギーは，1 L あたり E〔J〕で，そのエネルギーの k〔%〕がエンジンによって走行のための仕事に変換される。このときのエンジンの仕事率はいくらですか。

（　　　　　）

⑫ 運動エネルギー

📝 POINTS

1 エネルギー……ある物体が他の物体に対して仕事をする能力をもっているとき，その物体は「エネルギーをもっている」という。エネルギーの単位としてはジュール〔**J**〕を用いる。

2 運動エネルギー……運動している物体がもつエネルギーを**運動エネルギー**という。運動エネルギーは，質量に比例する。また，速さの2乗にも比例し，次の式で求めることができる。

$$K = \frac{1}{2}mv^2$$

（K〔J〕…運動エネルギー，m〔kg〕…質量，v〔m/s〕…速さ）

3 運動エネルギーの変化……速さ v_0〔m/s〕で運動している質量 m〔kg〕の物体が，大きさ F〔N〕の力を x〔m〕の間受け続け，運動の方向に W〔J〕の仕事をされて速さが v〔m/s〕になるとき，次の関係がなりたつ。

$$\frac{1}{2}mv^2 - \frac{1}{2}mv_0^2 = W = Fx$$

（m〔kg〕…物体の質量，v_0〔m/s〕…変化前の速さ，v〔m/s〕…変化後の速さ，W〔J〕…物体がされた仕事）

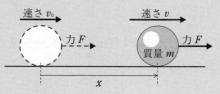

4 摩擦による運動エネルギーの減少

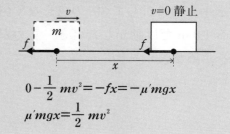

$$0 - \frac{1}{2}mv^2 = -fx = -\mu'mgx$$

$$\mu'mgx = \frac{1}{2}mv^2$$

□ **1** 図を見て，□の中に適当な語句または式を記入しなさい。

速度 v〔m/s〕で走行していた質量 m〔kg〕の台車が，同じ質量の静止している物体にぶつかって x〔m〕移動して，静止した。

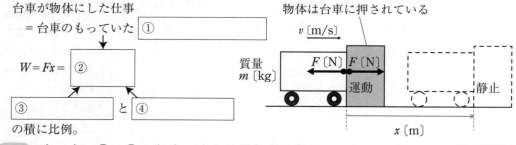

台車が物体にした仕事

＝台車のもっていた ① □□□□

$W = Fx =$ ② □□□□

③ □□□□ と ④ □□□□

の積に比例。

□ **2** 次の文の①，②の（　）に適する語句を答えなさい。

　　質量 m〔kg〕の物体 A と，質量 $2m$〔kg〕の物体 B が，ともに同じ速さ v〔m/s〕のとき，物体 B のもつ運動エネルギーの大きさは，物体 A の（①　　　　）倍である。

　　また，質量 m〔kg〕の物体 A が，はじめに速さ v〔m/s〕で運動していたが，加速されて $2v$〔m/s〕の速さになった。加速されたあとの運動エネルギーの大きさは，はじめにもっていた運動エネルギーの（②　　　　）倍である。

✅ **Check**

↳ **2** 運動エネルギーは質量に比例するとともに，速さの2乗にも比例する。

□ **3** 次の各問いに答えなさい。

(1) 1.0 m/s で動いている 4.0 kg の物体の速さを 2.0 m/s にしたい。必要な仕事はいくらですか。

(   )

(2) (1)で, 物体の速さが 2.0 m/s になったあとで, この物体に24 J の仕事をすると速さはいくらになりますか。

(   )

3 (1)外力が物体に加えた仕事は, その物体のエネルギーの変化量に等しい。

Q確認

仕事

仕事は, 力と移動距離の積で表され, 単位はエネルギーと同じジュールを用いる。

□ **4** 2.0 kg の物体が, 速さ 4.0 m/s であらい水平面を滑っている。これについて, 次の各問いに答えなさい。

(1) この物体がもつ運動エネルギーはいくらですか。

(   )

(2) 一定の摩擦力を受けながら物体はとまった。摩擦力が物体にした仕事はいくらですか。

(   )

4 (2)はじめにもっていた運動エネルギーが, 物体に加わる摩擦力によってなくなったといえる。

□ **5** 5.0 kg の物体が, 速さ 4.0 m/s で摩擦のある水平面を 8.0 m 滑ってとまった。これについて, 次の各問いに答えなさい。

(1) 動摩擦力が物体にした仕事はいくらですか。

(   )

(2) 動摩擦力の大きさを求めなさい。

(   )

5 (2)動摩擦力の大きさ F は, $W=Fx$ で求めることができる。

□ **6** 質量 m のボールを真上に投げ上げた。初速度を v_0, 重力加速度の大きさを g として, 次の各問いに答えなさい。

(1) 最高点に達するまでに重力がする仕事を求めなさい。

(   )

(2) 最高点の高さ h を, v と g を用いて表しなさい。

(   )

6 最高点での速度 v は 0 である。

⓭ 位置エネルギー

解答▶別冊P.11

📝 POINTS

1 重力による位置エネルギー……基準面より高い位置にある物体のもつエネルギー。

単位は〔J〕=〔kg·m²/s²〕

$$U = mgh$$

(m〔kg〕…質量，g〔m/s²〕…重力加速度の大きさ，h〔m〕…基準面からの高さ）

物体の重力による位置エネルギーは，任意に決めることができる基準面によって変わる。

基準面	位置エネルギー
天井面	$mg×(-h_2)<0$
机　面	$mg×0=0$
床　面	$mg×h_1>0$

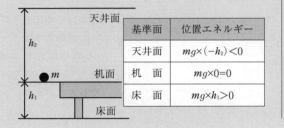

2 弾性力による位置エネルギー（弾性エネルギー）

伸びた（縮んだ）ばねのもつエネルギー。

単位は，〔J〕=〔kg·m²/s²〕

$$U = \frac{1}{2}kx^2$$

(k〔N/m〕…ばね定数，x〔m〕…自然の長さからの伸び（縮み））

弾性力による位置エネルギー U は，ばねが伸びた（縮んだ）状態から自然の長さまで戻るときに，弾性力がする仕事 W といえる。U は，下の図の面積 W である。

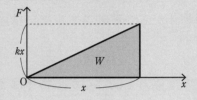

□ **1** 図中の□の①と③には適当な語句を，②と④には数値を記入しなさい。ただし，重力加速度の大きさを $9.8\,\mathrm{m/s^2}$ とする。

質量 200 g のリンゴが，地面から 2.0 m の高さにある。

高い位置にある物体のもつエネルギー

➡ 重力による ①

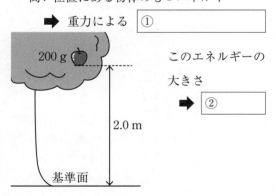

このエネルギーの大きさ

➡ ②

ばね定数が 100 N/m のばねを，手で静かに引いて，10 cm 伸ばした。

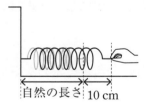

伸びたばねのもつエネルギー

➡ 弾性力による ③

このエネルギーの大きさ ➡ ④

□ **2** 高さ 50 m のビルの屋上から，質量 0.10 kg のボールを自由落下させた。重力加速度の大きさを $9.8\,\mathrm{m/s^2}$ として，次の各問いに答えなさい。

(1) 高さ 50 m の位置にあったときの，このボールがもっていた重力による位置エネルギーを求めなさい。ただし，基準面を地面とする。

（　　　　　）

(2) このボールが地面から 30 m の高さを通過した。このとき，ボールが自由落下によって失った，重力による位置エネルギーを求めなさい。ただし，基準面を地面とする。

（　　　　　）

(3) このボールが地面と衝突する直前の速さを求めなさい。ただし，$\sqrt{5}=2.2$ とする。

（　　　　　）

(4) 基準面を高さ 20 m にしたとき，このボールが地面と衝突する直前にもつ重力による位置エネルギーを求めなさい。

（　　　　　）

□ **3** 40 g の物体をつるすと，4.0 cm 伸びるばねがある。このばねが 10 cm 伸びているときの弾性力による位置エネルギーを求めなさい。ただし，重力加速度の大きさを 9.8 m/s² とする。

（　　　　　）

□ **4** ばね定数 k のばねに軽い台をつけ，質量 m のおもりをのせたところ，重力と弾性力がつりあっておもりは静止した。次の各問いに答えなさい。ただし，重力加速度の大きさを g とする。

(1) ばねの縮み a を求めなさい。

（　　　　　）

(2) ばねの弾性エネルギー U を求めなさい。

（　　　　　）

(3) ばねが自然の長さのときの台の高さを，重力による位置エネルギーの基準面とするとき，おもりの重力による位置エネルギー U を求めなさい。

（　　　　　）

✓Check

↳ **2** (3)等加速度直線運動の式
$$v^2-v_0{}^2=2\,ax$$
を利用する。
(4)高さ 20 m を基準面とした場合，地面の高さは -20 m である。

↳ **3** ばねによる弾性エネルギー $U=\dfrac{1}{2}kx^2$ より，ばね定数 k を求める必要がある。

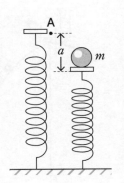

⑭ 力学的エネルギーの保存

解答▶別冊P.11

✎ POINTS

1 力学的エネルギー……運動エネルギー(K)と位置エネルギー(U)の和

2 力学的エネルギー保存の法則……重力や弾性力(保存力)のみが仕事をする物体の運動では,力学的エネルギーは一定に保たれる。力学的エネルギー保存則ともいう。

$$K+U=一定$$

■位置エネルギーU □運動エネルギーK

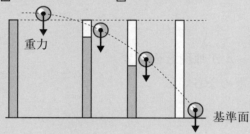

重力

基準面

・弾性力のみが仕事をする場合

$$\underset{K}{\frac{1}{2}mv^2}+\underset{U}{\frac{1}{2}kx^2}=一定$$

・重力と弾性力が仕事をする場合

$$\underset{K}{\frac{1}{2}mv^2}+\underset{U}{mgh}+\underset{U}{\frac{1}{2}kx^2}=一定$$

3 力学的エネルギーが保存しない場合

重力や弾性力(保存力)以外の力が仕事をする場合,力学的エネルギーは変化する。

4 力学的エネルギーの変化分＝物体がされた仕事

$$\varDelta E=W$$

例 摩擦力や空気抵抗がはたらく場合,これらの力は負の仕事をするため,力学的エネルギーは減少する。

□ **1** 次のように,ジェットコースターが,地面からの高さhの最高点から初速0で,なめらかなレールに沿って滑り降りた。　□　の①と③にはジェットコースターにはたらく力の名称を,②と④にはそれぞれの力がする仕事の大きさを記入しなさい。ただし,ジェットコースターの質量をm,重力加速度の大きさをgとする。

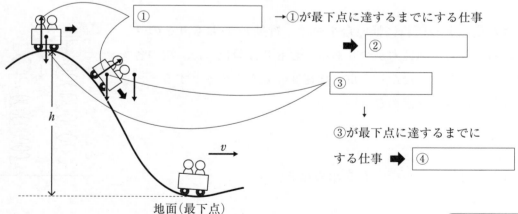

| ① | | →①が最下点に達するまでにする仕事 |
| ② |
| ③ |
| ↓ |
| ③が最下点に達するまでにする仕事 ➡ ④ |

h

v

地面(最下点)

□ **2** 高さhから,走行しはじめたジェットコースターが地面に達したときの速さvを求めなさい。ただし,重力加速度の大きさをgとする。

(　　　　　　)

✔ Check

2 力学的エネルギー保存の法則がなりたつ。

□ **3** 右の図のような，滑^{なめ}らかな斜面上の点 A から，小球を静かにはなしたところ，小球は斜面に沿って運動し，点 B から斜め上方に飛び出した。その後，放物運動をして，最高点 H を通過した。点 H を通過したときの小球の速さを

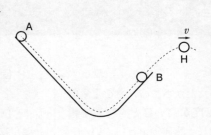

v，重力加速度の大きさを g として，点 A の高さ h_A を求めなさい。ただし，斜面最下点を高さの基準面とし点 H の高さを H とする。

Q 確認

**速度と
力学的エネルギー**

点 H で，小球の速度は 0 ではないため，位置エネルギーと運動エネルギーをもっている。そのため，点 H は，点 A よりも低くなる。

（　　　　　　　　）

□ **4** 質量 m の物体が天井^{てんじょう}から糸につるされている。右の図のように，糸がたるまないようにして物体を点 A まで持ち上げ，静かにはなした。次の各問いに答えなさい。

(1)　点 C における速さ v_0 を求めなさい。

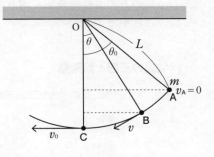

（　　　　　　　　）

(2)　点 B における速さ v を求めなさい。

4 A ～ C のどの地点でも，力学的エネルギーの大きさは等しい。

（　　　　　　　　）

□ **5** ばね定数 k のばねの上端を天井に固定し，下端に質量 m のおもりをとりつけたところ，ばねは自然の長さから a だけ伸びて静止した。この点を A とする。おもりを，ばねの自然の長さまで持ち上げ，静かに手をはなした。重力加速度の大きさを g として，おもりが点 A を通過するときの速さ v を求めなさい。

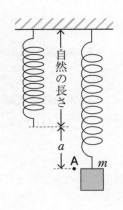

（　　　　　　　）

29

⑮ 熱と温度

解答▶別冊P.12

✎ POINTS

1 温度と温度目盛

① **温度**…物質のあたたかさや冷たさを定量的に表す指標。温度が高いほど, 物質を構成する分子が激しく熱運動を行っている。

② **セ氏温度(セルシウス温度)**…日常生活でよく用いられる温度の目盛りで, 単位は**度〔℃〕**

③ **絶対温度**…単位：ケルビン〔**K**〕
セ氏温度 t〔℃〕と絶対温度 T〔K〕は目盛りの間隔が等しく, 次の関係がある。

$$T = t + 273$$

④ **絶対零度**…$-273℃ = 0\,\mathrm{K}$
これより低い温度は存在しない。一方, 高い方の温度は無限に高い温度を考えることができる。

2 物質の三態と熱運動

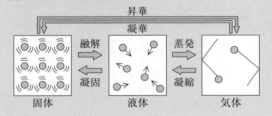

（右列）

① **固体**…分子間の距離は小さい。分子どうしは決まった位置にほぼ固定され, その位置のまわりで微振動(**熱運動**)している。

② **液体**…分子間の距離は固体とほぼ変わらない。熱運動は固体より活発である。また流動性がある。体積は固体と比べて大きく変化しない。

③ **気体**…分子間の移動距離が非常に大きい。分子がそれぞれ激しく熱運動し, 自由に移動できる。体積は固体や液体に比べて著しく大きい。

3 圧力……単位面積あたりにかかる力。

面積 S〔$\mathrm{m^2}$〕に力をかけたとすると,

$$p = \frac{F}{S}$$

単位：パスカル〔$\mathbf{Pa = N/m^2}$〕

4 熱膨張……ほとんどの物質において, 温度が上がると熱運動により長さや体積が増加する。

質量が一定のとき, 気体の体積 V は, 絶対温度 T に比例する。
比例定数を k とすると,

$$V = kT$$

□ **1** 図中の ☐ の①と②には絶対温度を, ③と④にはセ氏温度を記入しなさい。

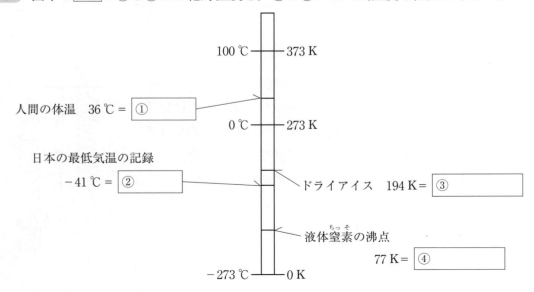

□ **2**　状態変化について，次の各問いに答えなさい。

◎Check
↳ **2** 下の図は，一般に水の状態変化とよばれているものである。

(1)　次の固体の水を加熱し続けたときの図で，□□の①と②には状態の変化を表す言葉を，③と④にはそのときの温度を表す言葉を記入しなさい。

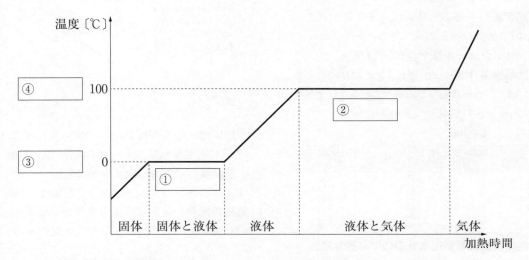

(2)　気体の二酸化炭素からドライアイスへの変化を何といいますか。

（　　　　　　　）

□ **3**　右の図のように，面積 S〔m^2〕の軽いピストンの上に，質量 m〔kg〕のおもりを載せた。大気圧を p_0〔Pa〕とし，重力加速度の大きさを g〔m/s^2〕とするとき，シリンダー内部の圧力 p〔Pa〕を求めなさい。

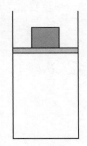

（　　　　　　　）

□ **4**　水深 10 m の海底に理想気体の泡がある。大気圧を 1.00×10^5 Pa，重力加速度の大きさを 9.80 m/s^2 とするとき，海底の泡が受ける圧力を求めなさい。ただし，海水の密度を 1.02 g/cm^3 とする。

↳ **4** 海底の泡には大気圧と水の圧力（水圧）がかかっている。

（　　　　　　　）

⑯ 熱 量

✎ POINTS

1 **熱量**……熱の量を熱量という。

単位：ジュール〔J〕

2 **熱容量**……ある物体の温度を1K上昇させるのに必要な熱量。

単位：ジュール毎ケルビン〔J/K〕

3 **比熱容量(比熱)**……物質1gあたりの熱容量。

単位：ジュール毎グラム毎ケルビン〔J/(g·K)〕

(熱容量)＝(質量)×(比熱容量)

$$C = mc$$

物質名	比熱容量(18℃)〔J/(g·K)〕	物質名	比熱容量(18℃)〔J/(g·K)〕
水	4.2	鉛	0.130
エタノール	2.4	白金	0.134
ベンジン	1.7	銀	0.24
水銀	0.14	銅	0.38
		鉄	0.45
ガラス	0.80	アルミニウム	0.90

4 **物体の温度を変化させるのに必要な熱量**

(必要な熱量)＝(熱容量)×(温度変化量)

$$Q = C\Delta T \quad (= mc\Delta T)$$

5 **潜熱**……状態変化の際に必要な熱。融解熱や蒸発熱などがある。

(単位質量あたりの値〔J/g〕で表す。)

6 **融解熱・蒸発熱**

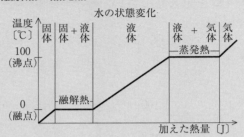

水の状態変化

① **融解熱**…物質が固体から液体に変化するときに必要な熱量。 例 水の場合 334 J/g

② **蒸発熱**…物質が液体から気体に変化するときに必要な熱量。 例 水の場合 2.26×10³ J/g

7 **熱量の保存**……熱は高温の物体から低温の物体に移動する。しばらくすると温度が等しくなり熱の移動がとまったかのように見える。この状態を**熱平衡**という。移動した熱量は次のような関係になり，これを**熱量の保存**という。

(高温の物質が失う熱量)

＝(低温の物質が得る熱量)

□ **1** 次の①，③には温度と熱のグラフの概形を，②，④の ☐ には数値を入れなさい。

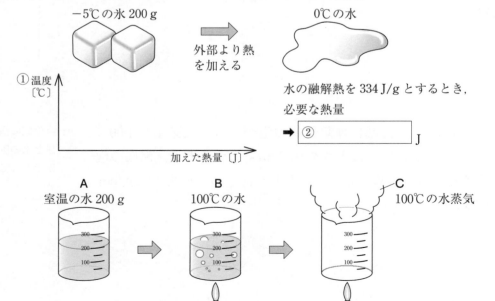

③

温度
〔℃〕

加えた熱量〔J〕

Bの状態からCの状態にするのに
必要な熱量が
4.5×10^5 J

↓

水の蒸発熱 ④ [   ] J/g

□ **2** 80℃のエタノール 100 g をすべて気体にするのに必要な熱
量はいくらですか。ただし，エタノールの沸点は 80℃で，蒸発
熱は 393 J/g である。

(   )

✓Check
↳ **2** 蒸発熱 393 J/g と
は，状態変化の際に
質量 1 g あたり 393 J
の熱量が出入りする
ということである。

□ **3** 窒素は −196℃まで冷やすと液体窒素になる。1.0 kg の液体
窒素が再び気体に戻るのに 2.0×10^5 J の熱が必要であったとする
と，窒素の蒸発熱は何 J/g ですか。

(   )

□ **4** 断熱された質量 200 g の銅製の容器がある。銅の比熱容量を
0.38 J/(g·K)，水の比熱容量を 4.2 J/(g·K) として，次の各問い
に答えなさい。

(1) 物体の温度を 1 K 上昇させるのに必要な熱量をその物体の熱
容量という。この銅製容器の熱容量を求めなさい。

(   )

Q確認
比熱容量
比熱容量 c は，
$c = \dfrac{Q}{m\varDelta T}$ と表す
ことができる。

(2) この容器に 70℃の水 50 g を入れたところ，容器も水も 65℃
になった。水を入れる前の容器の温度は何℃であったと考えら
れますか。

(   )

↳ **4** (2)熱量の保存より，
水が放出した熱量と
銅製の容器が吸収し
た熱量は等しくなる。

(3) 次に，銅製容器のまわりの断熱材をとりはずしてしばらく外
気にさらすと，容器と水の温度はちょうど 20℃になった。そ
こで再び断熱材をとりつけ，容器中の水に温度 50℃，質量
100 g の銅でできた金属球を入れたところ，銅製容器，水，銅
でできた金属球は同じ温度になった。その温度は何℃ですか。

(   )

⓱ エネルギーの変換と保存

解答 ▶ 別冊P.13

📝 POINTS

1 内部エネルギー……物質を構成しているすべての原子や分子のもつ力学的エネルギーの総和。温度が高いほど熱運動の運動エネルギーが大きく，内部エネルギーも大きくなる。

2 熱力学第1法則

（内部エネルギーの変化）
　　　＝（外部から得た熱量）
　　　　　＋（外部からされた仕事）
　　　　$\Delta U = Q + W$

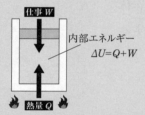

（外部に放出された熱）＝−（外部から得た熱量）
（外部にした仕事）＝−（外部からされた仕事）

3 熱機関……熱から仕事をとり出す装置。一般に，高温の物体から熱を吸収し，その一部を仕事に変換して低温の物体に放出する。

4 熱機関の効率（熱効率）

$$e = \frac{W'}{Q_1} = \frac{Q_1 - Q_2}{Q_1}$$

$$\left(= \frac{\text{得た仕事}}{\text{加えた熱量}} \right)$$

5 不可逆変化……外部に何の変化も残さないで，まったくもとの状態に戻ることができない変化のことを**不可逆変化**という。

例えば，熱が高温から低温へ移る変化は不可逆変化である。

□ **1** ピストンの断面積が S，大気圧が p の状態の熱機関がある。この熱機関に，外部から熱量 Q をあたえたところ，シリンダー内の気体が膨張して，ピストンが ΔL だけ移動した。これについて，□に式を入れなさい。

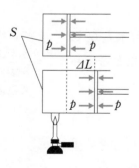

仕事 W, 加えた力 F, 移動した距離 ΔL
⬇
仕事の定義　$W = F\Delta L$
実際にした仕事 ➡ $W =$ ① □
　　　　　　　　　　　（$p, S, \Delta L$ を用いて表す）

外部からあたえられた熱 Q

　　熱効率　$e =$ ② □

□ **2** 気体に，100 J の熱をあたえ，さらに外部から気体に50 J の仕事をした。このとき，気体の内部エネルギーの増加は何 J ですか。

（　　　　　　　　　）

✅ **Check**

↪ **2** 気体に外部から仕事を加えるとき，内部エネルギーの増加は気体にあたえた熱量とされた仕事の和になる。

□ **3** 熱機関に 600 J の熱を加えたところ，外部に対して 150 J の仕事をした。次の各問いに答えなさい。

(1) このとき，気体の内部エネルギーの変化は何 J ですか。

(　　　　　　　)

(2) 熱効率はいくらですか。

(　　　　　　　)

↳ **3** 熱効率 e は，もらった熱と外部にした仕事の比である。

$$e = \frac{外部にした仕事}{もらった熱}$$

□ **4** ガソリンで動く熱機関がある。この熱機関は空冷式でありガソリンを 1 秒間に 5.0 g 消費する。この熱機関の熱効率が 0.3 (30%) であるとき，1 秒間に何 J の廃熱を空気中に排出しているか求めなさい。ただし，ガソリン 1 g は 4.5×10^4 J の熱量になり，熱機関が外部にした仕事からは廃熱は出ないものとする。

(　　　　　　　)

□ **5** 次の文の( )にあてはまる語句を入れなさい。

高温の物体と低温の物体を接触させると，熱は(① 　　　　) の物体から(② 　　　　) の物体へひとりでに移動するが，まわりに何の変化も残すことなく，逆向きに移動させることはできない。また，うどん汁に醤油を 1 滴たらす場合，たらした醤油はしだいに(③ 　　　　) するが，(③) した醤油がひとりでにもとの状態に戻ることはない。このような変化を(④ 　　　　) 変化という。一方，摩擦などを無視できるような理想的な条件のもとでは，振り子の運動は，再びもとの状態に戻ることができる。このような変化を(⑤ 　　　　) 変化という。

Q確認
熱力学第2法則
　左の問題のような熱の性質を，**熱力学第2法則**という。

18 波の表し方と波の要素

解答▶別冊P.14

✐ POINTS

1 波……振動が伝わる現象を**波**または**波動**といい，波を伝えるものを**媒質**という。波が発生する場所を**波源**という。

2 波形の移動と媒質の振動……波が伝わるとき，波形はある方向へ進行するが，媒質はその場で振動し進行しない。

3 周期的な波……1回の振動の時間 T〔s〕を**周期**，その距離 λ〔m〕を**波長**という。

$$速さ=\frac{距離}{時間} より，$$

$$v=\frac{\lambda}{T}=f\lambda \quad (f〔\text{Hz}〕は振動数)$$

$$y=A\sin 2\pi f\left(t-\frac{x}{v}\right)$$

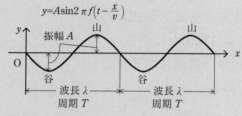

4 位相……周期運動を正弦関数で表すときの，角度に相当する部分の量で，媒質の振動状態を表す量。

5 横波・縦波……媒質の揺れる方向が，波の進む向きと垂直である波を**横波**，波の進む向きと同じである波を**縦波**という。縦波は，媒質が密集している**密**の部分と媒質がまばらになっている**疎**の部分のくり返しによって伝わる波であり，**疎密波**ともよばれる。音は，空気や水などを伝わる縦波（疎密波）である。

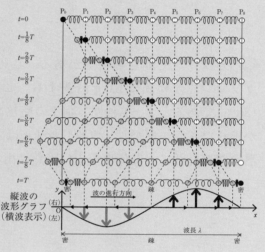

□ **1** 次の波のグラフの □ に，波に関する適当な用語を記入しなさい。

y–x 図（位置による変化）

①
③
②
④

y–t 図（時間による変化）

⑤

✓ Check

Q確認

波のグラフ

ある時刻の媒質の変位を y 軸に，位置を x 軸にとったグラフを y–x グラフといい，山と山の距離は波長を表す。ある点での媒質の変位を y 軸に，時刻を t 軸にとったグラフを y–t グラフといい，山と山の距離は周期を表す。

□ **2** 周期 T が $T=8$ s の波が右向きに進んでいる。1周期後の波形を描きなさい。

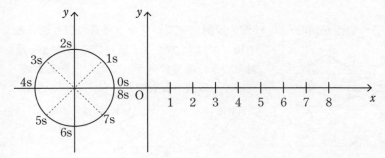

□ **3** 周期 T，波長 λ の波が右向きに進行している。次の各問いに答えなさい。

↳ **3** (2)振動数 f は，1秒間に波が何回振動するかを表している。

(1) この波の速さ v を，波長 λ と周期 T を用いて求めなさい。

(   )

(2) この波の振動数 f を，周期 T を用いて求めなさい。

(   )

(3) (1)，(2)より，この波の速さ v を，振動数 f と波長 λ を用いて求めなさい。

(   )

□ **4** 媒質中を x 軸の正の向きに速さ 340 m/s で伝わる縦波を横波表示した正弦波を考える。右図は時刻 0 s における媒質の変位を，x 軸の正の向きの変位を正として表したものである。次の各問いに答えなさい。

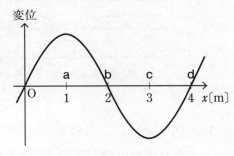

(1) 振動数を求めなさい。

(   )

(2) 時刻 0 s において媒質が最も密となるのは a ～ d のどこですか。

(   )

⑲ 波の性質

解答▶別冊P.14

✎ POINTS

1 波の重ね合わせの原理……2つの波が同時に媒質の1点に達したときの変位 y は，それぞれの波が単独で達した場合の変位 y_1 と y_2 の和となり，$y=y_1+y_2$ である。これを，波の重ね合わせの原理といい，3つ以上の波が伝わるときにもなりたつ。

合成波を表している

$y=y_1+y_2$

y_1 y_2 y

2 定在波（定常波）……振幅と周期，波長の等しい2つの波が一直線上をお互い逆向きに進んだときに見える波。

① **腹**…定在波で最も変位が大きい場所。

② **節**…定在波で全く振動しない場所。
（隣り合う腹と腹（節と節）の間隔はもとの波長の $\dfrac{1}{2}$ になる。）

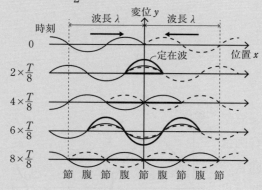

時刻
0
$2\times\dfrac{T}{8}$
$4\times\dfrac{T}{8}$
$6\times\dfrac{T}{8}$
$8\times\dfrac{T}{8}$

波長 λ　変位 y　波長 λ

定在波

位置 x

節 腹 節 腹 節 腹 節 腹 節

3 波の反射……波が異なる媒質の端や媒質との境界ではねかえって戻ってくることを**反射**という。境界に向かって進む波を**入射波**，戻ってくる波を**反射波**という。

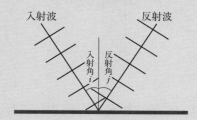

入射波　　　　　反射波

入射角 i　反射角 j

4 自由端反射と固定端反射

① **自由端反射**…自由に動くことができる媒質の端（**自由端**）での反射。

② **固定端反射**…固定された媒質の端（**固定端**）での反射。

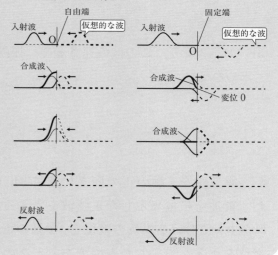

入射波　自由端　仮想的な波　　入射波　固定端　仮想的な波

合成波　　　　　　　　　合成波

変位 0

合成波

反射波　　　　　　　　　反射波

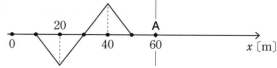

□ **1** 図のように，三角形の波形のパルス波が右向きに $10\,\mathrm{m/s}$ で進んでいる。次の(1)，(2)のそれぞれの場合での，2秒後の波形を描きなさい。

(1) 点 A が固定端の場合

(2) 点 A が自由端の場合

20　　　　A

0　　　　40　60　　x〔m〕

20　　　　A

0　　　40　60　　x〔m〕

□ **2** 波Aと波Bが同位相の場合，これら2つの波を重ね合わせた波形を描きなさい。

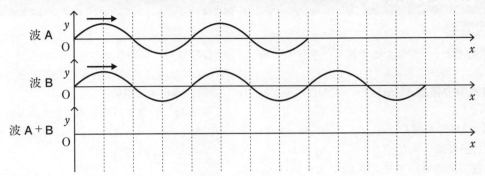

□ **3** 波Aと波Bが逆位相の場合，これら2つの波を重ね合わせた波形を描きなさい。

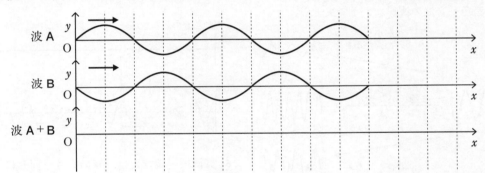

✔**Check**

🔍確認

固定端反射
　反射の境界では，媒質の変位は0である。

□ **4** 固定端に向かって連続した正弦波が入射し続け，定在波ができた。そのときの定在波を作図しなさい。

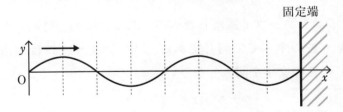

□ **5** 自由端に向かって連続した正弦波が入射し続け，定在波ができた。そのときの定在波を作図しなさい。

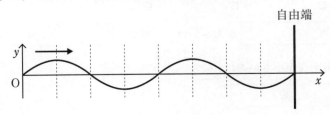

⑳ 音波の性質

解答▶別冊P.16

✏ POINTS

1 音波(音)……空気などの媒質中を伝わる疎密波で,縦波である。

2 空気中の音速 V〔m/s〕……温度 t〔℃〕のとき,

$$V = 331.5 + 0.6t$$

3 音の三要素

① **音の大きさ**…音波の振幅が大きいほど,音が大きい。

② **音の高さ**…音波の振動数が大きいほど,音が高い。

③ **音色**…音波の波形によって決まる。

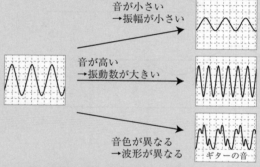

音が小さい
→振幅が小さい

音が高い
→振動数が大きい

音色が異なる
→波形が異なる
ギターの音

4 音の媒質……縦波は疎密の状態の変化が伝わるので,気体でも液体でも固体でも伝わるが,横波は固体中しか伝わらない。

5 うなり……振動数がわずかに異なる2つの音波の重ね合わせの結果,音の大きさが周期的に変化する現象。

1秒あたりの**うなり**の回数 f とうなりの周期 T_0 は,

$$f = \frac{1}{T_0} = |f_1 - f_2|$$

(f_1, f_2…2つの音波の振動数)

①振動数 f_1 のおんさが発する音波
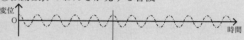

②振動数 f_2 のおんさが発する音波

③重なり合った音波
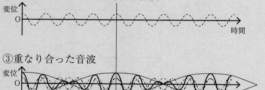

6 調律……調律とは,音の高さを同じにそろえることで,チューニングともいう。音楽では,ラの音を440 Hzとしてチューニングする。チューニングがずれていると,うなりが生じ,気持ちが悪く聞こえることが多い。

□ **1** 次の図は,音のようすをオシロスコープで観察したものである。横軸の時間スケール,縦軸の電圧スケールは,**A～E**のすべてで同じである。□の①～④には適当な語句を,⑤～⑧には図を表す**A～E**の文字を記入しなさい。

音の大きさ: ① ［＿＿＿＿＿＿＿］ が大きいほど,音が ② ［＿＿＿＿＿＿］。

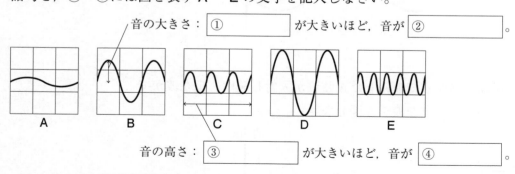

音の高さ: ③ ［＿＿＿＿＿＿＿］ が大きいほど,音が ④ ［＿＿＿＿＿＿］。

●最も高い音は ⑤ ［＿＿＿＿＿］　　●最も音が小さいのは ⑥ ［＿＿＿＿＿］

●音の高さの等しいものは ⑦ ［＿＿＿＿］ と ⑧ ［＿＿＿＿＿］

2 音速に関する右の表を参照し，次の各問いに答えなさい。

(1) 空気(0℃)中を伝わる振動数 440 Hz の音の波長を求めなさい。

（　　　　　）

(2) 蒸留水(25℃)中を伝わる振動数 440 Hz の音の波長を求めなさい。

（　　　　　）

(3) 鉄中を伝わる振動数 440 Hz の音の波長を求めなさい。

（　　　　　）

(4) 気体と固体について，音速に関して，一般にどのようなことがいえますか。

（　　　　　　　　　　　　　　　　　　　　　　　）

媒　質	音　速
ヘリウム(0℃)	970 m/s
二酸化炭素(0℃)	258 m/s
水蒸気(100℃)	404.8 m/s
空気(100℃)	391.5 m/s
空気(0℃)	331.5 m/s
蒸留水(25℃)	1500 m/s
アルミニウム	6420 m/s
鉄	5950 m/s

3 楽器の音を調整するために，振動数 442 Hz のおんさと楽器の「ラ」の音を同時に鳴らしたところ，最初 2 秒間に 4 回のうなりが聞こえた。そこで楽器の音をわずかに高くしたらうなりの回数が減少した。最初の楽器の振動数はいくつですか。

（　　　　　）

✔**Check**

↝ **3** 2秒間で4回のうなりが聞こえたとき，1秒間あたりでは2回のうなりが聞こえている。

4 メトロノームを使って，次のような方法で音速を測定した。同じ性能の2台のメトロノーム(メトロノーム A とメトロノーム B)を用意した。最初，双方のメトロノームを1分間に 160 回振れるように調整して，完全に同期するようにスタートさせた。メトロノーム A を床に置き，メトロノーム B を静かに持って移動したところ，メトロノーム A から距離 64 m だけ離れたところ，メトロノームの音がちょうど交互に聞こえた。このことから，音速を求めなさい。

（　　　　　）

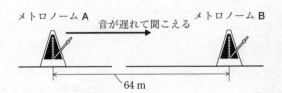

メトロノーム A　　音が遅れて聞こえる　　メトロノーム B

64 m

🔍確認

メトロノーム

音楽で使う道具の1つで，曲のテンポを一定に保つための機械。
振り子につけたおもりの位置を動かして振り子の周期を変えることでテンポを決める。振り子のかわりに電気信号を使ったものもある。

5 振動数のわからないおんさ X と，振動数 440 Hz のおんさ A と振動数 444 Hz のおんさ B がある。X と A を同時に鳴らすと 2 秒間に 12 回のうなりが聞こえた。X と B と同時に鳴らすと 3 秒間に 6 回のうなりが聞こえた。おんさ X の振動数を求めなさい。

（　　　　　）

㉑ 音源の振動

解答▶別冊P.17

🖉 POINTS

1 共振・共鳴……振動する物体にはその物体固有の振動数があり，その振動数で外から振動を加え続けると，物体は大きく振動を始める。これを**共振**といい，音の場合は**共鳴**という。

2 弦の固有振動……両端が固定されている弦を振動させると，節と腹のある定在波ができる。

① **基本振動**…固有振動のうち振動数が最も小さい振動（腹の数は1個）。

$L=\dfrac{\lambda_1}{2}$ より，$\lambda_1=2L$　よって，$f_1=\dfrac{v}{\lambda_1}=\dfrac{v}{2L}$

L：弦の長さ　v：波の速さ

② **倍振動**…振動数が基本振動の n 倍（$n=2$, 3, …）である固有振動（n は腹の数に等しい）。$L=n\times\dfrac{\lambda_n}{2}$ より，$\lambda_n=\dfrac{2L}{n}$

よって，$f_n=\dfrac{v}{\lambda_n}=\dfrac{nv}{2L}=nf_1$

$n=1$, 2, 3 のときの固有振動

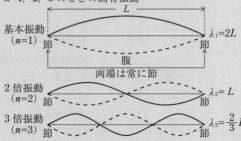

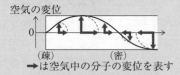

3 気柱の固有振動

空気の変位

→は空気中の分子の変位を表す

① **閉口端**…空気が振動できないので，固定端での反射となり，節になる。

② **開口端**…空気が振動できるので，自由端での反射となり，腹になる。

③ **開口端補正**…開口側では，自由端の位置は，気柱の端のわずかに外側にある。

4 閉管と開管

① **閉管**…一方の端が閉じている管。

$\lambda_n=\dfrac{4L}{n}$ （$n=1$, 3, 5, …），

$f_n=\dfrac{V}{\lambda_n}$ より，$f_n=\dfrac{nV}{4L}$

V：音の速さ　L：管の長さ

基本振動…振動数が最も小さい振動（$n=1$）

倍振動…振動数は基本振動の**奇数(3, 5, …)倍**。

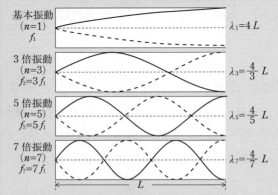

② **開管**…両方の端が開いている管。

$\lambda_n=\dfrac{2L}{n}$ （$n=1$, 2, 3, …），

$f_n=\dfrac{V}{\lambda_n}$ より，$f_n=\dfrac{nV}{2L}$

V：音の速さ　L：管の長さ

基本振動…振動数が最も小さい振動（$n=1$）

倍振動…振動数は基本振動の**整数(2, 3, …)倍**。

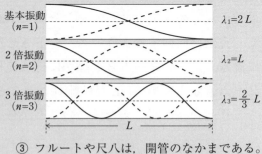

③ フルートや尺八は，開管のなかまである。

□ **1** 次の図のように，振動数 f の電磁おんさに糸をつけ，滑車にかけておもりをつるして振動させたところ，定在波の腹ができた。□の①〜③に適当な数や文字を記入しなさい。

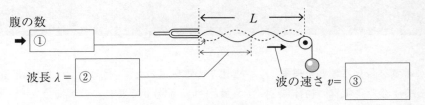

腹の数 → ①

波長 λ = ②

波の速さ v= ③

第1章 第2章 第3章 第4章 第5章 第6章

✔Check

Q確認

メルデの実験

この実験はメルデの実験とよばれ，入試でも頻出なので，マスターしておこう。

□ **2** 同じ長さの閉管と開管に息を吹き込んで音を出した。基本振動の音を比べると，どちらの音が高いか，また，振動数はどのようになるか，答えなさい。

（　　　　　　　　　　　　　　　　　　　　　　　）

□ **3** 開管に息を吹き込んだところ基本振動の音が聞こえた。同じ管に，勢いよく息を吹き込んだところ，基本振動の音より節が1つ多くなる音が聞こえた。基本振動の音の振動数を f とするとき，次の各問いに答えなさい。

(1) 節が1つ多くなった音の振動数を求めなさい。

（　　　　　　）

(2) この開管と同じ基本振動の音が鳴る閉管がある。この閉管で，節が1つ多い音の振動数を求めなさい。　　（　　　　　　）

□ **4** メルデの実験で，電磁おんさを右図の **A** のように接続した場合と，**B** のように接続した場合を比較する。弦にできる定在波は同じになるか，異なるか，答えなさい。また，もし異なる場合には，どのような定在波ができるか答えなさい。

（　　　　　　　　　　　　　　　　　　　　　　　）

A

B

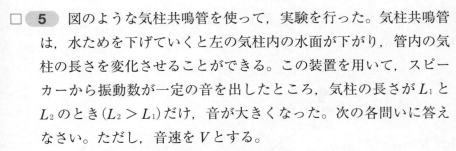

□ **5** 図のような気柱共鳴管を使って，実験を行った。気柱共鳴管は，水ためを下げていくと左の気柱内の水面が下がり，管内の気柱の長さを変化させることができる。この装置を用いて，スピーカーから振動数が一定の音を出したところ，気柱の長さが L_1 と L_2 のとき（$L_2 > L_1$）だけ，音が大きくなった。次の各問いに答えなさい。ただし，音速を V とする。

(1) スピーカーから出る音の波長 λ を求めなさい。

（　　　　　　　　）

(2) スピーカーから出る音の振動数 f を求めなさい。

（　　　　　　　　）

(3) 開口端補正の長さ d を求めなさい。

（　　　　　　　　）

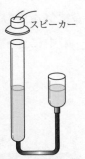

スピーカー

㉒ 静電気

解答▶別冊P.18

✎ POINTS

1 静電気……物体が電気を帯びることを**帯電**という。摩擦によって生じた電気は，物体にとどまり，移動しないので，**静電気**という。

・静電気の性質

① 異なる物質をこすると，**電子**が移動する。

物体A　　物体B
⊖⊕　←　⊖⊕
⊕⊖　→　⊕⊖

② 電子が抜けたほうが正（＋）に，電子をもらったほうが負（－）になる。

物体A　物体B
⊕⊖　⊕⊕
⊖⊕　⊕⊖

③ 同種の電気は互いに反発しあい，異種の電気は互いに引きあう。

物体A　　物体B
⊕⊖　　⊕⊖
⊖⊕　↔　⊕⊕

④ ②の状態の2物体を，再び接触させると，両物体の異符号の電気は中和する。このとき，電気量の総和は一定である（電気量保存の法則）。

2 電気量の単位……物体や原子，電子などがもつ電気を**電荷**といい，その量を**電気量**という。電気量の単位は**クーロン（C）**で，電気量の正負は＋，－の符号で表される。陽子と電子の電気量の大きさは等しく，これを**電気素量**といい，記号 e で表す。

e は約 1.6×10^{-19} C である。

3 導体・不導体・半導体

① **導体**…自由に動くことのできる電子（**自由電子**）をもち，**抵抗率**が小さく電流を流しやすい物質。金属が代表例である。

② **不導体（絶縁体）**…自由電子をもたないため，抵抗率が大きく，電流を流しにくい物質。下表に示したもののほか，アクリル，紙など。

③ **半導体**…導体と不導体の中間の抵抗率を示す物質。ケイ素（Si）など。

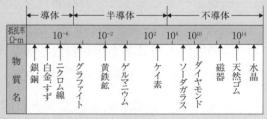

一般に導体は，加熱すると抵抗値が増加するが，半導体は加熱すると，逆に減少する（サーミスターなど）。

□ **1** 次の図は帯電列といい，物体が，正の静電気を帯びるか，負の静電気を帯びるかの目安を示すものである。帯電列を参考に，◯◯の中に正・負のどちらに帯電するか記入しなさい。

> ストローは ①◯◯◯◯ に帯電する。
>
> ↑
>
> こすりあわせると

● Check

↪ **1** どの物質とこすりあわせるかによって，正・負のどちらに帯電するかは変わる。

正（＋）に帯電しやすい　　　　　　　　負（－）に帯電しやすい

毛皮　ガラス　雲母　羊毛　ナイロン　絹　木綿　木材　皮膚　水晶　フリントガラス　（ティッシュペーパー）紙　綿　エボナイト　絹　ゴム　ポリプロピレン（ストロー）　イオウ　ポリエステル　アクリル　セルロイド　ポリエチレン　エボナイト　セロファン　塩化ビニル（プラスチック消しゴム）

> ストローは ②◯◯◯◯ に帯電する。　◀ こすりあわせると

□ **2**　紙コップの底面の中心につまようじをさして立て，右図のように ストローの中心をつまようじにさして，ストローを回転できるようにした検電器をつくった。この検電器のストローに，別のストローを近づける実験をした。次の各問いに答えなさい。

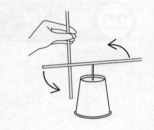

(1) ティッシュペーパーでこすったストローを，この検電器のストローに近づけると，ストローを近づけた側の検電器のストローには，どのような電荷が現れますか。（　　　　　）

(2) ティッシュペーパーでこすったストローをさらに近づけると，検電器のストローはどのような動きをするか，説明しなさい。

（　　　　　　　　　　　　　　　　　　　　　）

□ **3**　次の（　）の中に適切な語句を記入しなさい。

(1) すべての物質は，（①　　　　）からできている。（①）の中心には正の電気をもった（②　　　　）があり，まわりには負の電気をもった（③　　　　）が存在する。（②）は，さらに，正の電気をもった（④　　　　）と電気をもたない（⑤　　　　）とからできている。

　　原子番号は（④）の数で決まり，電気的に中性の（①）は，（⑥　　　　）の数と（⑦　　　　）の数が等しい。

(2) 電気をよく通す物質を（⑧　　　　）といい，ほとんど通さない物質を（⑨　　　　）という。（⑧）は（⑩　　　　）をもち，これが移動することで電流が流れる。また，電気の通しやすさが（⑧）と（⑨）の中間程度の物質を（⑪　　　　）という。

↳ **3** (2)⑪にはケイ素やゲルマニウムが含まれ，集積回路(IC)や太陽電池，発光ダイオード(LED)などさまざまなものに利用されている。

□ **4**　プラスチック製の下敷き（したじき）をセーターにこすりつけたところ，下敷きが負に帯電した。下敷きの電気量を測定すると，-8.0×10^{-5} C であった。下敷きとセーターの間で移動した電子の数を求めなさい。

（　　　　　　　　　　　）

> Q確認
> **電気素量 e**
> $e = 1.6 \times 10^{-19}$ C

□ **5**　ストローをティッシュペーパーでこすったら，2.0×10^{10} 個の電子が移動した。ストローに帯電した電気量は何 C ですか。

（　　　　　　　　　　　）

↳ **5** ティッシュペーパーからストローへ電子が移動するため，ストローは負に帯電する。

㉓ 電 流

✎ POINTS

1 電流……電気を帯びた粒子の移動。
（導線を流れる電流＝自由電子の移動）
電流のうち，一定の向きに流れる電流が直流。

2 電流の大きさ……ある断面を1秒間に通過
する電気量で定める。電流を I〔A〕，電気量
を q〔C〕，時間を t〔s〕とすると，
$$I=\frac{q}{t}$$

3 電流の向き……正の電荷が移動する向きと
定める（電流の向きと自由電子の移動する向
きは逆である）。

4 電圧……電気回路に電流を流そうとするは
たらき。単位は**ボルト〔V〕**で表す。

電荷を押しているのが電圧　　→電流

5 オームの法則……導体を流れる電流 I〔A〕
の大きさは，導体に加わる電圧 V〔V〕に比
例する。
$$V=R\times I \quad (R〔\Omega〕は抵抗)$$

6 電気抵抗……同じ電圧でも電流が流れやす
い導線と流れにくい導線がある。
電気の流れにくさを**電気抵抗(抵抗)**R〔Ω〕
といい，導線の長さ L〔m〕に比例し，断面積
S〔m²〕に反比例する。
$$R=\rho\frac{L}{S} \quad (\rho〔\Omega\cdot m〕は抵抗率)$$

1 m　$R=2\Omega$
2 m　$R=4\Omega$
$S=1\,m^2$　$R=2\Omega$
$S=2\,m^2$　$R=1\Omega$

□ **1** 金属線を 6.4 A の電流が流れている。図の◻の①には名称を，②には数を記入し
なさい。

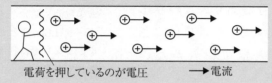

金属線

① …電荷は -1.6×10^{-19}C

断面を1秒間に
移動する　② 　個

電流
6.4 A

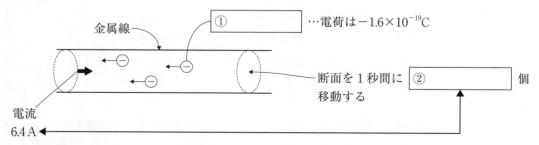

□ **2** 抵抗の値のわかっていない抵抗に，電源をつなぎ，電圧を変化
させて電流の値を測定し，電圧
と電流の関係をグラフ化した。
抵抗の値を求めなさい。

◎Check
⤷ **2** オームの法則を用いる。

V〔V〕
2
O 　4 　I〔A〕

（　　　）

☐ **3**　断面積 $1.0 \times 10^{-6}\,\mathrm{m^2}$，長さ $2.5\,\mathrm{m}$ のニクロム線の電気抵抗を求めなさい。ただし，ニクロム線の抵抗率を $1.1 \times 10^{-6}\,\Omega\cdot\mathrm{m}$ とする。

↳ **3**　電気抵抗は導線の長さに比例し，断面積に反比例する。

（　　　　　　　　）

☐ **4**　長さ $4.0\,\mathrm{m}$，断面積 $4.0 \times 10^{-7}\,\mathrm{m^2}$ の導線に，$1.5\,\mathrm{V}$ の電圧をかけたところ，$1.2\,\mathrm{A}$ の電流が流れた。導線の抵抗率を求めなさい。

（　　　　　　　　）

☐ **5**　右の図で，AB 間の電圧が $12\,\mathrm{V}$ のとき，点 P を流れる電流の大きさを求めよ。

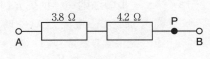

（　　　　　　　　）

☐ **6**　$2.4\,\Omega$ の抵抗 A，$9.0\,\Omega$ の抵抗 B，$6.0\,\Omega$ の抵抗 C と $18\,\mathrm{V}$ の直流電源を接続し，右の図のような回路をつくった。次の各問いに答えなさい。

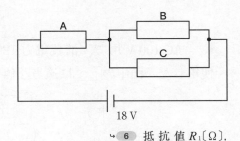

(1)　抵抗 B と抵抗 C の合成抵抗を求めなさい。

↳ **6**　抵 抗 値 $R_1\,(\Omega)$，$R_2\,(\Omega)$ の抵抗を直列に接続した場合の合成抵抗 R は $R = R_1 + R_2\,(\Omega)$ である。抵抗値 $R_1\,(\Omega)$，$R_2\,(\Omega)$ の抵抗を並列に接続した場合の合成抵抗 R は $\dfrac{1}{R} = \dfrac{1}{R_1} + \dfrac{1}{R_2}\,(\Omega)$ である。

（　　　　　　　　）

(2)　抵抗 A，抵抗 B，抵抗 C の合成抵抗を求めなさい。

（　　　　　　　　）

(3)　抵抗 A にかかる電圧を求めなさい。

（　　　　　　　　）

(4)　抵抗 B を流れる電流の大きさを求めなさい。

（　　　　　　　　）

㉔ 電気エネルギー

✎ POINTS

1 電気エネルギー……モーターは電気エネルギーを運動エネルギーに，電熱器は電気エネルギーを熱エネルギーに変換している。

2 ジュール熱……抵抗で発生する熱。電気エネルギーが熱エネルギーに変わる。

3 ジュールの法則……抵抗 R〔Ω〕に電圧 V〔V〕を加えて，電流 I〔A〕を時間 t〔s〕流すとき，発生する熱量 Q〔J〕は，

$$Q = VIt = RI^2t = \frac{V^2}{R}t$$

4 電力(消費電力)……電気器具などが単位時間あたりに他のエネルギーに変える電気エネルギー。単位：ワット〔W〕

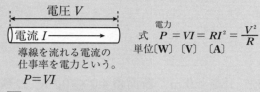

電圧 V

電流 I ⟶

導線を流れる電流の仕事率を電力という。
$P = VI$

電力
式 $P = VI = RI^2 = \dfrac{V^2}{R}$
単位〔W〕〔V〕〔A〕

5 電力量(消費電力量)

電気器具などで消費される電気エネルギーをいう。

単位：ジュール〔J〕

電力量
式 $W = Pt = VIt = RI^2t = \dfrac{V^2}{R}t$
単位〔J〕

電圧 V

電流 I ⟶

導線を流れる電流がした仕事を電力量という。
電力量は
$W = Pt = VIt$

電力量の実用的な単位として，ほかに次のものがある。

① **1 Wh（ワット時）**
$= 1\,\text{W} \times 3600\,\text{s} = 3.6 \times 10^3\,\text{J}$

② **1 kWh（キロワット時）**
$= 1.0 \times 10^3\,\text{Wh} = 3.6 \times 10^6\,\text{J}$

□ **1** AC 100 V 用で，消費電力 1200 W のドライヤーを 100 V のコンセントにつないで使用した。図中の☐に適当な値を記入しなさい。

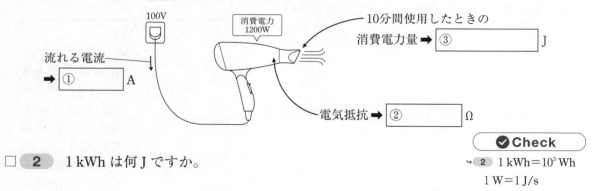

□ **2** 1 kWh は何 J ですか。

(　　　　)

□ **3** 消費電力 500 W の電気ケトルで，10℃の水 200 g を沸騰するまで加熱する。これについて，次の各問いに答えなさい。ただし，水の比熱容量は 4.2 J/(g·K) とする。

✓ **Check**
↳ **2** 1 kWh = 10³ Wh
1 W = 1 J/s

(1) 沸騰するまでの時間は何分何秒か，求めなさい。

（　　　　　）

(2) 消費電力が 600 W の電気ケトルでは，沸騰するまでの時間
は何分何秒か，求めなさい。

（　　　　　）

□ **4** 消費電力 1000 W の電磁調理器で，15 ℃の水 1 L を沸騰さ
せるのに要する時間を求めなさい。ただし，水の比熱容量は
4.2 J/(g·K)，水の密度を $1×10^3$ kg/m³＝1 g/cm³ とする。

（　　　　　）

□ **5** 消費電力 1.2 kW のエアコンを使用した。1 日に 24 時間使用
するとして，次の各問いに答えなさい。ただし，1 kWh の電気
料金を 25 円とする。

(1) 1 日あたりの電気料金を求めなさい。

（　　　　　）

(2) 1 か月（30 日）の電気料金を求めなさい。

（　　　　　）

□ **6** 消費電力 800 W の電気ストーブで容積 40 m³ の部屋の温度
を 10 ℃上げるとき，次の各問いに答えなさい。ただし，空気の
密度を 1.2 kg/m³，比熱容量を 1.0 J/(g·K) とする。

(1) 必要な電力量を求めなさい。

（　　　　　）

(2) 10 ℃上げるのにかかる時間を求めなさい。

（　　　　　）

↳ **3** ・ **4** 質量 m，比熱
容量 c の物体の温度
を ΔT だけ上げるの
に必要な熱量は，
$Q=mc\Delta T$

🔍**確認**

日常生活
　今後の大学入学共
通テストでは，物理
学と日常生活の関わ
りについて多く出題
されると考えられる。
電子レンジやエアコ
ンの消費電力なども
考えながら生活しよ
う。

↳ **5** 1 kWh ＝ $1.0×10^3$
Wh である。日常生
活の電気量は，多く
が kWh を単位とし
て示される。

↳ **6** (1)必要な電力量は，
温度を上昇させるた
めに必要な熱量に等
しい。

㉕ 磁　場

解答▶別冊P.19

✎ POINTS

1 磁力(磁気力)……磁石が鉄などを引きつけたり，磁石どうしが引きあったり反発したりする力。

2 磁極……磁石の両端付近の**磁力**の強い部分。N極とS極がある。同極どうしは反発し，異極の場合は引きあう。

3 磁場(磁界)……磁力を及ぼす空間。磁石のN極が受ける力の向きを，その点の**磁場の向き**と定める。

4 磁力線……磁場の向きに沿って引いた線。
① 磁石のN極から出てS極に入る。
② 途中で切れたり，新しく現れたりしない。

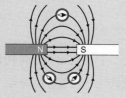

③ 交わったり，枝分かれしたりしない。
④ 磁力線の密集しているところほど磁場が強い。
⑤ 磁力線の観察には，砂鉄やビニタイを細切れにしたものを用いるとよい。ビニタイでは立体的に観察することができる。

5 電流による磁場
① 直線電流がつくる磁場

磁場の向きは，右ねじの進む向きを電流の向きに合わせたときに，ねじを回す向きになる。（**右ねじの法則**）

② 円形の電流がつくる磁場

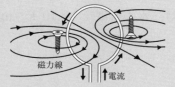

③ ソレノイドがつくる磁場

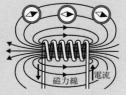

④ 同じ向きに流した電流どうしは，導線間の磁場が弱めあうため，引きあう。

□ **1** 次の(1)，(2)は磁石の磁力線をそれぞれ示している。磁場の向きを描き込みなさい。

(1)

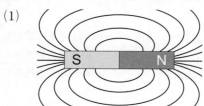

(2)

□ **2** 下の図の回路で，スイッチを閉じたときの磁力線を描きなさい。

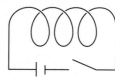

50

□ **3** 下の図のように，磁石のまわりの**a～d**にそれぞれ方位磁針を置いた。このとき，それぞれの方位磁針の向きを，矢印を使って描きなさい。ただし，地球の磁場の影響は無視できるとする。

3 磁力線を描くとわかりやすい。

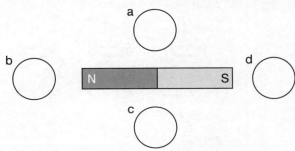

□ **4** 下の図のように，直線状の導線のまわりの**a～c**に方位磁針を置き，電流を流した。このとき，それぞれの方位磁針の向きを，矢印を使って描きなさい。

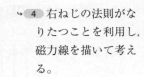
4 右ねじの法則がなりたつことを利用し，磁力線を描いて考える。

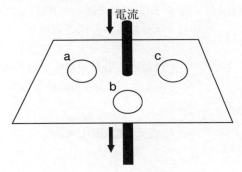

□ **5** 右の図のように，南北にはった導線の上に方位磁針を置いて，導線の南から北の向きに電流を流した。これについて，次の各問いに答えなさい。

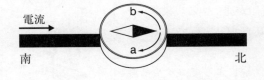

(1) 方位磁針のまわりにはどのように磁力線は描かれるか。磁力線の向きの矢印も含めて1本描きなさい。

(2) 導線の上に置いた方位磁針の針は**a，b**のどちらの向きに振れますか。

（　　　）

㉖ モーターと発電機

解答▶別冊P.20

✎ POINTS

1 電流が磁場から受ける力…… 電流および磁場の向きと垂直な力を受ける。

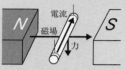

① 電流と磁場の向きが直角のとき➡両者に直角になる向きに力がはたらく。

② 電流と磁場が平行のとき➡力を受けない。

2 直流モーターのしくみ

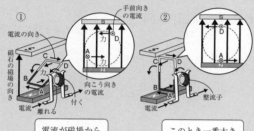

電流が磁場から力を受ける。

このとき一番大きな力を受ける。

Aが上の方に回転したら、整流子のはたらきで電流の向きが逆転する。

3 電磁誘導……コイルを貫く磁力線の数が変化するとコイルに電圧が発生する現象。

4 誘導起電力……電磁誘導によってコイルに生じる電圧。

5 誘導電流……電磁誘導によってコイルに流れる電流。

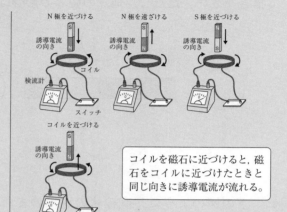

コイルを磁石に近づけると、磁石をコイルに近づけたときと同じ向きに誘導電流が流れる。

6 レンツの法則……電磁誘導によって生じる誘導起電力や誘導電流は、磁場の変化を妨げる向きに発生する。まるで、慣性の法則において質量が慣性をもったように、コイルも変化に対する慣性をもつ。

7 直流発電機のしくみ

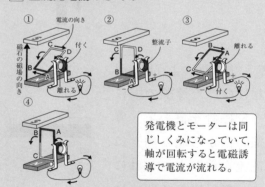

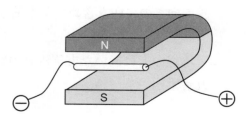

発電機とモーターは同じしくみになっていて、軸が回転すると電磁誘導で電流が流れる。

□ **1** 右の図のように、磁場中で電流を流したとき、導線はどの向きに動くか。動く向きを、図に矢印で描きなさい。

□ **2** 右の図のように，コイルに磁石のN極を近づけた
とき，検流計の針は左に振れた。コイルの近くに置い
たS極をコイルから遠ざけると，検流計の針は右と左
どちらに振れるか答えなさい。

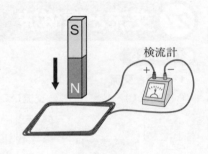

（　　　）

□ **3** 右の図1のように，磁石と回
転できるコイルを設置し，電流を
流した。これについて，次の各問
いに答えなさい。

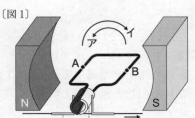

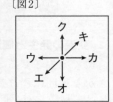

⑴　点**A**，点**B**には，それぞれど
の向きに力がかかりますか。図
2の**ウ～ク**から選びなさい。　　点**A**（　　　）　点**B**（　　　）

⑵　⑴より，コイルは**ア**と**イ**のどちらに回転するか，答えなさい。

（　　　）

□ **4** 右の図のように，上向きの磁界の中で，電気抵抗R
をとりつけたレールの上に導体棒Lを載せ，この導体棒L
におもりをとりつけ，おもりを落下させた。次の各問いに
答えなさい。

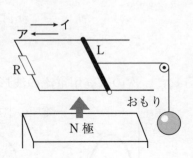

⑴　回路に流れる電流の向きは，**ア**と**イ**のどちらか答えな
さい。　　　　　　　　　　　　　　　　（　　　）

⑵　回路に電流が流れた結果，導体棒Lには，図の上，下，左，
右のいずれの向きに力がはたらくか答えなさい。

（　　　　　　）

⑶　導体棒Lは，おもりに引かれて右向きに加速するが，やが
て⑵に示すような力がはたらくことで，等速になることが知ら
れている。おもりが失う位置エネルギーは，本来なら運動エネ
ルギーに変換され，どんどん速度が大きくなってもよいはずだ
が，速度は一定で運動エネルギーは増加しない。失われた位置
エネルギーは，どうなるか答えなさい。

（　　　　　　　　　　　　　　　　　　）

✅**Check**

▶ **4** 導体棒が磁場から
受ける力は，導体棒
がおもりにより引か
れる向きと逆向きで，
導体棒が加速しはや
くなるにつれて，逆
向きの力も徐々に強
くなり，やがてつり
あって等速となる。

POINTS

1 直流と交流

① 直流(DC)　② 交流(AC)

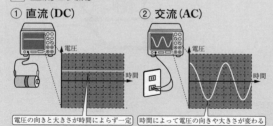

電圧の向きと大きさが時間によらず一定　時間によって電圧の向きや大きさが変わる

2 交流の発生と周波数……交流は，交流発電機で発生させる。交流の電圧や電流の変化が1秒間に繰り返される回数を**周波数**といい，単位は Hz（ヘルツ）。

3 変圧器（トランス）……電磁誘導を利用して，交流の電圧を変化させる。

$$V_1 : V_2 = N_1 : N_2 \left(\frac{V_1}{V_2} = \frac{N_1}{N_2} \right)$$ （電圧の比＝巻数の比）

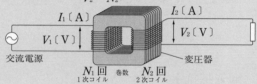

交流電源　　変圧器

N_1 回　巻数　N_2 回
1次コイル　　　2次コイル

4 整流……交流を直流に変えることを**整流**という。半導体からなるダイオードは，電流を一方向しか流さない性質があり，整流に用いられている。

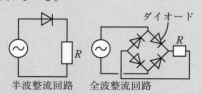

ダイオード

半波整流回路　　全波整流回路

5 電磁波……電気的・磁気的な振動が空間を伝わる波。光や電波は電磁波の一種である。

6 電磁波の速さ……真空中での電磁波の速さは光速 c と等しく $c = 3.0 \times 10^8$ m/s　また，電荷が周波数（振動数）f〔Hz〕で振動するとき，発生する電磁波の波長 λ〔m〕は $\lambda = \dfrac{c}{f}$

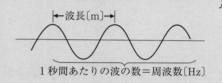

←波長〔m〕→

1秒間あたりの波の数＝周波数〔Hz〕

□ **1** 次の家庭用電流の波形図の □ に適当な語句や記号を記入しなさい。

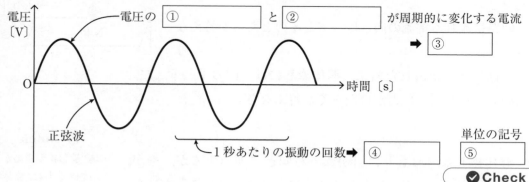

電圧〔V〕

電圧の ① 　　と ② 　　が周期的に変化する電流

➡ ③

O　　　　　　　　　　　　　時間〔s〕

正弦波

1秒あたりの振動の回数➡ ④

単位の記号 ⑤

✓Check

□ **2** 次の文中の（　）に適当な語句を記入しなさい。

家庭用の交流電流の電圧は100Vであるが，実は，瞬間，瞬間でみると，約141Vから−141Vの間で変動している。この100Vのことを（①　　　　）という。50Ωの抵抗をつないだとき，（①）としての電流は（②　　）A，電力は（③　　　　　）Wである。

2 電圧と電流の実効値の間でも，オームの法則はなりたつ。

□ **3** 発電所から電力送電する場合，長い距離を送電すると，途中の送電線で電力を無駄（むだ）にすることがわかっている。この損失を低く抑えたい。次の文の（　）に適当な語句や記号を記入しなさい。

発電所から送電線に送り出される電気の電圧を V，電流を I とする。発電所から供給される電力 P を一定とすると，$P=$（①　　　　）＝一定となる。

送電線の種類が1種類と仮定する。この送電線の電気抵抗を R，送電する電流を I とすると，送電線でのジュール熱による電力損失 p は，$p=$（②　　　　　　）となる。したがって，電力損失 p を小さくするには（③　　　　　）の値を小さくしなければならない。つまり，発電所から送り出される電気では，電力 P が一定だから，なるべく電圧 V を（④　　　　　）して（③）の値を小さくする必要がある。このため27.5万V～50万Vの高電圧で発電所より送電される。

しかし，各家庭で使う100Vまたは200Vの電圧にするためには，変電所を利用して電圧を小さくしなければならない。このとき利用する機械が（⑤　　　　　　）である。

Q確認
電力損失
現在の技術で，電力損失は5%程度である。

□ **4** 電磁波の速さを 3.0×10^8 m/s として，次の各問いに答えなさい。

(1) 地球のまわりが1周4万kmとすると，電磁波は1秒間に地球のまわりを何周するか求めなさい。

（　　　　　　）

(2) 太陽と地球の距離を，1.5×10^{11} m とする。太陽を出た光が地球に届くまでにかかる時間を求めなさい。

（　　　　　　）

Q確認
太陽からの電磁波
太陽からは，可視光以外にもさまざまな電磁波が放出されている。しかし，すべてが地表に達することはなく，大気に吸収されたり電離圏で反射されたりしている。

□ **5** 電磁波に関して，次の文の（　）に適当な語句を記入しなさい。

電波は，光と同じく（①　　　　　　）とよばれる電気的・磁気的な波の1種で，（②　　　　　）中でも伝わる。このとき，電場と磁場の変動が互いを誘導しあって空間を伝わる。

電波は，1864年に（③　　　　　　　）によって予想され，（④　　　　　）によって実験を通してその存在が確かめられた。このとき実験で用いられた装置は，導体にできた細い隙間（すきま）に（⑤　　　　　　）を生じさせ，電磁波を発生させるものだった。ゲルマニウムラジオに代表される電源をもたない簡易なラジオでもラジオの音声を聞くことができるのは，電波が（⑥　　　　　　　）を輸送しているからである。

28 エネルギーの利用 ①

解答▶別冊P.21

✎ POINTS

1 さまざまなエネルギー

力学的エネルギー	運動する物体がもつ「運動エネルギー」と，高い位置にある物体や伸ばした（縮めた）ばねがもつ「位置エネルギー」がある。
熱エネルギー	物質を構成する原子や分子の熱運動エネルギー。
電気エネルギー	静電気や電流がもつエネルギー。
光(電磁波)エネルギー	光などの電磁波の形で放射されるエネルギー。
化学エネルギー	原子や分子の化学結合として物質に蓄えられているエネルギー。
原子力(核)エネルギー	原子核に蓄えられ，原子核が変化する際に放出されるエネルギー。

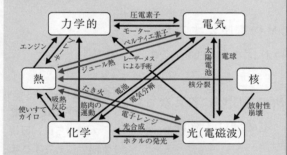

2 エネルギー保存の法則

　エネルギーはさまざまに形を変えるが，その総量は変わらない。力学的エネルギーと熱をあわせて保存則が成立したことを熱力学第1法則とよぶ。

3 電気エネルギーの利用

電気エネルギー
├ 力学的エネルギー　例：モーター，掃除機，洗濯機
├ 熱エネルギー　例：アイロン，電気ポット，ドライヤー
└ 光(電磁波)エネルギー　例：テレビ，携帯電話

4 エネルギー資源の種類

① **一次エネルギー**…自然界に存在するエネルギー資源
・**枯渇性エネルギー**…数百年以内に枯渇する可能性のあるエネルギー資源。
化石燃料（石炭，石油，天然ガスなど）
核燃料（ウラン，プルトニウムなど）
・**再生可能エネルギー**…今後数億年のスケールで利用できるエネルギー資源。
太陽光，地熱，風力，水力など
② **二次エネルギー**…一次エネルギーを使いやすい形に加工したもの。
電気，ガソリン，都市ガスなど
③ **水素エネルギー社会**……人類は水素エネルギー社会へと向かっている。水を電気分解し，水素と酸素に分けることで，水素を供給する。供給された水素は燃料電池により電気エネルギーをとり出したり，熱エネルギーとして利用したりすることができる。

□ **1** 次の水力発電のしくみの図で，どのようなエネルギーに変換するか，□□に適当な語句を記入しなさい。

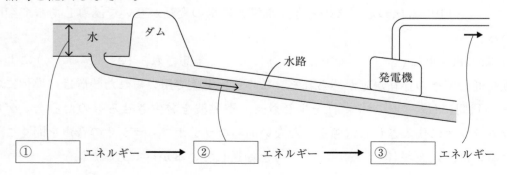

□ **2** 次の文の( )に適当な語句を記入しなさい。

　火力発電では，化石燃料のもつ(① 　　　　　)エネルギーを燃焼によってとり出し，そのエネルギーを利用して発電機のタービンを回し，電気エネルギーを得る。

　風力発電では，空気の(② 　　　　　)エネルギーを利用して発電機の風車を回し，電気エネルギーを得る。

✓Check

⮎ **2** 発電では，いろいろなエネルギーを変換して電気エネルギーを得ている。発電機のタービン(風車)がまわるのは力学的エネルギーによる。

□ **3** 入射する太陽光のエネルギーの10%を電気エネルギーに変換する太陽電池がある。入射する太陽光のエネルギーが$1\,m^2$あたり毎秒$1\,kJ$のとき，$500\,W$の電力が得られた。太陽電池の面積を求めなさい。

(　　　　　　)

⮎ **3** $1\,kJ = 1000\,J$

□ **4** 日本の一般家庭の年間消費電力量は，平均して$5000\,kWh$である。以下の各エネルギー源を用いることでそれをまかなう場合について，次の各問いに答えなさい。

(1) 消費電力$5000\,kWh$は何Jですか。

(　　　　　　)

⮎ **4** $1\,kW = 1.0 \times 10^3\,W$

(2) 石油が発生するエネルギーは，その$1\,L$がすべて燃焼した場合$5.0 \times 10^7\,J$である。一般家庭の年間消費電力量をまかなうためには，石油は何L必要になりますか。

(　　　　　　)

(3) ウランの核分裂のエネルギーは，$1\,kg$のウランがすべて核分裂を起こした場合，$8.2 \times 10^{23}\,J$である。一般家庭の年間消費電力量をまかなうためには，ウランは何kg必要になりますか。

(　　　　　　)

(4) 地球大気の表面では，太陽に垂直な$1\,m^2$の面積に年間$4.1 \times 10^{10}\,J$のエネルギーが入射している。一般家庭の年間消費電力量をまかなうためには，太陽エネルギーを受光する面積は何m^2必要ですか。

(　　　　　　)

✏ POINTS

1 原子の構造

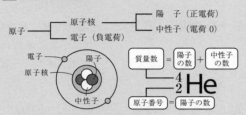

質量数 = 陽子の数 + 中性子の数

$^{4}_{2}\text{He}$

原子番号 = 陽子の数

2 放射線の性質と利用

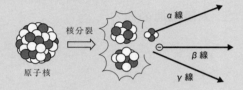

① α線…ヘリウムの原子核（＋）
電離作用が大きく，透過力は小さい。

② β線…電子（－）
電離作用・透過力はともに中程度。

③ γ線…電磁波
電離作用は小さいが，透過力は大きい。

3 放射線の単位

① Bq（ベクレル）…1秒あたりに崩壊する原子核の数。

② Gy（グレイ）…放射線を受けた物質1kgあたりが吸収するエネルギー。

③ Sv（シーベルト）…放射線があたったときの，人体への影響を考慮した量。

4 原子力発電……ウラン235の核分裂で，核（原子力）エネルギーを熱エネルギーに変換し，さらに電気エネルギーに変換する発電方式。

ウラン235 原子核の核分裂

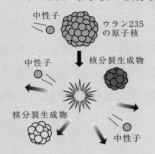

核分裂の際に中性子が2～3個放出され，これがほかのウラン235の核分裂を引き起こして，核分裂が続く。（連鎖反応）

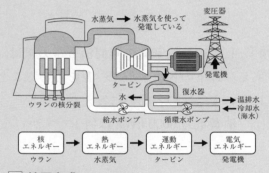

核エネルギー	→	熱エネルギー	→	運動エネルギー	→	電気エネルギー
ウラン		水蒸気		タービン		発電機

5 核反応式

$$^{a}_{e}\text{X} + ^{b}_{f}\text{Y} \rightarrow ^{c}_{g}\text{Z} + ^{d}_{h}\text{W}$$

物質XとYが反応して物質ZとWができたとき，質量数が不変で電荷も不変なので，
$a+b=c+d$， $e+f=g+h$ となる。

□ **1** 次の原子力発電のしくみの図で，原子力発電ではどのようにエネルギーが変換しているか， □ に適当な語句を記入しなさい。

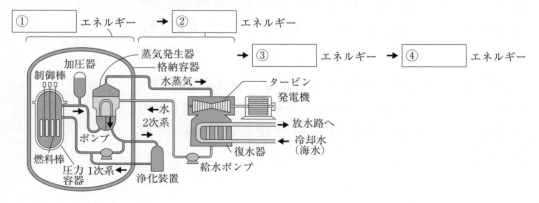

① □ エネルギー → ② □ エネルギー → ③ □ エネルギー → ④ □ エネルギー

□ **2** 次の各問いに答えなさい。

(1) 銅の原子核 $^{63}_{29}Cu$ の陽子の数と中性子の数を求めなさい。

陽子の数 (　　　　) 　中性子の数 (　　　　)

(2) ウランの原子核 $^{238}_{92}U$ の陽子の数と中性子の数を求めなさい。

陽子の数 (　　　　) 　中性子の数 (　　　　)

(3) ラジウム $^{226}_{88}Ra$ は，α線を放出してラドン Rn になる。このとき生成するラドン Rn の質量数と原子番号を求めなさい。

質量数 (　　　　) 　原子番号 (　　　　)

(4) ウラン $^{238}_{92}U$ は，α線を放出してトリウム Th となる。このとき生成するトリウム Th の質量数と原子番号を求めなさい。

質量数 (　　　　) 　原子番号 (　　　　)

□ **3** 次の文の( )に適当な語句を記入しなさい。

　放射線が物質中を通り抜ける性質を(①　　　　)という。また，周囲の原子から電子をはじき飛ばし，イオン化させる性質を(②　　　　)という。α線は(③　　　　)が大きく，γ線は(④　　　　)が大きい。

　質量数が235のウランの原子核は，(⑤　　　　)をあてると，これを吸収して(⑥　　　　)を起こす。このとき，放出された2～3個の中性子を別の原子核が吸収し，(⑦　　　　)反応を生じる。つねに一定の割合で(⑦)反応が続く状態を(⑧　　　　)といい，原子力発電所では，この状態を制御している。

□ **4** 次の文の( )に適当な語句を記入しなさい。

　放射線は，医療分野，(①　　　　)，(②　　　　)などさまざまな分野で利用されている。人体が放射線を受けることを(③　　　　)するという。細胞に放射線があたると，細胞内の(④　　　　)が損傷を受け，突然変異が発生したり，がんを誘発したりする可能性がある。医療行為において放射線を(③)することもあるが，不必要な(③)はできるだけ避けるほうが望ましい。

□ **5** $^{235}_{92}U$ に中性子をあてると，核分裂が生じた。その結果，次に示す原子核が得られた。次のそれぞれの原子核以外に生じたと考えられる原子核の，原子番号を求めなさい。

(1) $^{137}_{55}Cs$ 　　　　　　　　　　　(　　　　)

(2) $^{131}_{53}I$ 　　　　　　　　　　　(　　　　)

(3) $^{92}_{36}Kr$ 　　　　　　　　　　　(　　　　)

✓Check

Q確認

α崩壊

　原子核からα粒子がα線として放出されることをα崩壊という。このとき，質量数が4，原子番号が2小さい原子核になる。

5 中性子を吸収したり放出したりしても，原子番号は変わらない。

総まとめテスト ①

解答▶別冊P.22

1 次の文章を読んで，あとの問いに答えなさい。

原点に静止していた質量 10 kg の小物体が，時刻 $t=0$ s に x 軸上で直線運動を始め，10 秒後には静止した。図は，その間の小物体の速度 v の変化のようすを時刻 t の関数として表している。この図のように，速度など向きをもつ量は，その向きが x 軸の正の向きを向くときは正の量で表される。

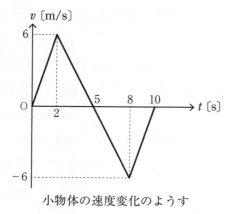

小物体の速度変化のようす

(1) 時刻 $t=0$ s から $t=2.0$ s の間の小物体の加速度を求めなさい。

(2) 時刻 $t=2.0$ s から $t=8.0$ s の間に小物体にはたらいた力は何 N か求めなさい。

(3) 小物体が原点からいちばん離れたときの原点からの距離は何 m か求めなさい。

2 ばね定数がそれぞれ 15 N/m と 30 N/m の 2 つの軽いばねを直列に接続し，このばねの一端に質量 90 g の物体をとりつけて鉛直につるし，静止させた。ばねは物体がないときに比べて，何 cm 伸びますか。ただし，重力加速度の大きさを 10 m/s^2 とする。

〔神奈川大一改〕

3 次の文章を読んで，あとの問いに答えなさい。

　　バイオリンのある弦をはじくと，振動数 440.0 Hz の音を発生するおんさの音よりわずかに低い音がした。バイオリンの弦をはじくと同時におんさを鳴らしたところ，2秒の周期でうなりが聞こえた。

(1) この弦の振動数は何 Hz か，求めなさい。

(2) このバイオリンの弦を調律して振動数を 440.0 Hz にしたい。このとき，弦の張り具合は強めるべきか，弱めるべきか答えなさい。

4 図中の導線の抵抗や電池の内部抵抗は無視できるものとして，次の各問いに答えなさい。

〔福岡大〕

(1) 図1の回路において，抵抗を流れる電流の大きさは何 A ですか。

〔図1〕

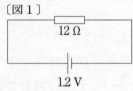

　　抵抗を流れる電流を測定するため，図2に示すように電流計を接続した。この電流計の内部抵抗は 4.0 Ω であり，最大 0.10 A まで測定することができる。

(2) 抵抗値 12 Ω の抵抗の両端間の電圧は何 V ですか。

〔図2〕

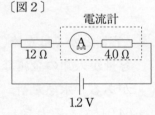

(3) 電流計で測定された電流の大きさは何 A ですか。

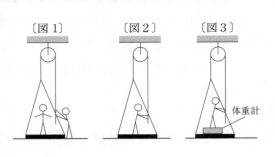

〔図1〕 〔図2〕 〔図3〕

体重計

1 図1～3のように，なめらかに回転する滑車（しゃ）が天井（てんじょう）に取りつけられ，滑車にかけられたひもの一端には人を乗せた板がつながれている。板の質量は 10.0 kg，人の質量は 50.0 kg，重力加速度の大きさを 9.80 m/s² とする。滑車，ひもの質量は無視できるものとし，次の各問いに答えなさい。〔神戸学院大〕

(1) 図1に示すように，人を乗せた板をつり下げたひもの他端を引き，板を床から浮かせるためには少なくとも何Nの力が必要ですか。

(2) 図2に示すように，板上の人が自分でひもを引き，板を床から浮かすことはできますか。できるのであれば，少なくとも何Nより大きな力で引く必要がありますか。

(3) 図3に示すように，板上に質量 2.00 kg の体重計を置き，その上に人が乗った状態とする。自分でひもを静かに引いた場合，人を乗せた板を床から浮かすことができますか。できるのであれば，床から板が離れたときに体重計は何 kg をさしていますか。

2 容器とかくはん棒（合計の質量 200 g）と水（質量 350 g）からなる水熱量計，および比熱容量が未知の金属球 A（質量 280 g），比熱容量が 0.35 J/(g·K) の金属球 B（質量 400 g）がある。水熱量計，金属球 A，金属球 B のはじめの温度がそれぞれ 20.0℃，70.0℃，64.0℃であるとき，次の各問いに答えなさい。ただし，容器とかくはん棒の比熱容量をともに 0.21 J/(g·K)，水の比熱容量を 4.2 J/(g·K) とし，水熱量計と外部との熱の出入りはないものとする。〔群馬大〕

(1) 金属球 A を水熱量計に入れ，よくかき混ぜたところ，水の温度が 25.0℃になった。金属球 A の比熱容量 c〔J/(g·K)〕と金属球 A が失った熱量 Q〔J〕を求めなさい。

(2) さらにその後，金属球 B も水熱量計に入れ，よくかき混ぜた。水の温度は何℃になるか，小数第1位まで求めなさい。

3　図のように内径が一様な円筒形のガラス管の中に自由に移動できるピストンをはめこんでこれを閉管とする。ガラス管の一端の O 付近にスピーカーを置き，スピーカーから振動数 f の音を出す。ガラス管内の気柱の振動について，次の各問いに答えなさい。なお，音の速さを V とし，開口端と腹の位置は一致しているものとする。

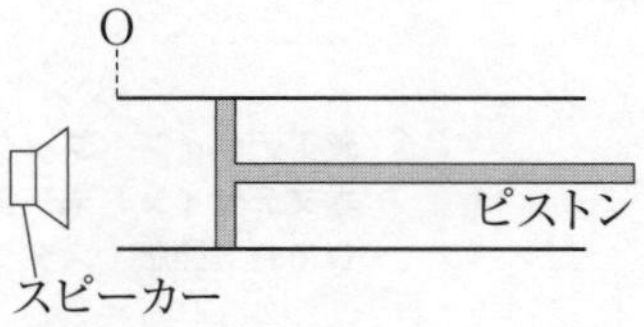

〔早稲田大－改〕

(1)　最初 O の位置にあったピストンを O から遠ざけるようにガラス管の中をゆっくり移動させると，気柱がある長さのときに初めて共鳴した。このときの気柱の長さを求めなさい。

(2)　最初 O の位置にあったピストンを O から遠ざけるようにガラス管の中をゆっくり移動させると，閉管がある長さのときに 3 回目の共鳴が起こった。このときの気柱の長さを求めなさい。

4　断面積 S〔m^2〕，長さ L〔m〕の金属線の両端に電圧 V〔V〕を加えると，電流 I〔A〕が流れた。電圧 V〔V〕を加えると金属線内に一様な電場 E〔N/C〕が生じ，自由電子は加速される。しかし，自由電子は金属中の陽イオンなどとの衝突によって抵抗力を受け，やがてこれらの力がつりあい，一定の速さ v〔m/s〕で金属線内を移動するようになる。金属線内の自由電子 1 個の電荷を $-e$〔C〕，単位体積あたりの自由電子の個数を n〔個/m^3〕とし，次の各問いに答えなさい。

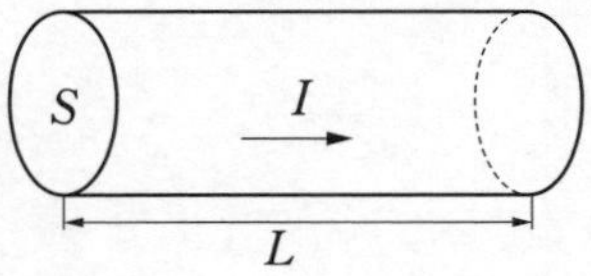

〔新潟大－改〕

(1)　自由電子は，速さ v に比例する大きさ kv〔N〕の抵抗力（k は比例定数）を受けるとする。自由電子が電場から受ける力 F について $F=eE$，また，$V=EL$ がなりたつことを利用し，自由電子に作用する力のつりあいの式を書きなさい。

(2)　金属線の断面を 1 秒間に通過する電荷から，電流 I を v を用いて表しなさい。

(3)　(1)，(2)の結果から，電圧 V を電流 I を用いて表しなさい。

(4)　(3)の結果をオームの法則と比較することで，金属線の抵抗率を求めなさい。

装丁デザイン　ブックデザイン研究所
本文デザイン　未来舎
ＤＴＰ・図版　スタジオ・ビーム

本書に関する最新情報は，小社ホームページにある**本書の「サポート情報」**をご覧ください。（開設していない場合もございます。）
なお，この本の内容についての責任は小社にあり，内容に関するご質問は直接小社におよせください。

高校　トレーニングノートα　物理基礎

編著者	高校教育研究会 川村康文	発行所	受験研究社
発行者	岡 本 泰 治		
印刷所	ユ ニ ッ ク ス	© 株式 会社 増進堂・受験研究社

〒550-0013 大阪市西区新町2丁目19番15号

注文・不良品などについて：(06)6532-1581(代表)／本の内容について：(06)6532-1586(編集)

注意 本書を無断で複写・複製（電子化を含む）
　　 して使用すると著作権法違反となります。

Printed in Japan　高廣製本
落丁・乱丁本はお取り替えします。

解答・解説

第1章 │ 力と運動

① 速度　　　　　　　　　　　　　　(p.2〜p.3)

1 ① **25 m/s** ② **x-t** ③（下左図）
④ **60 m** ⑤ **v-t** ⑥（下右図）

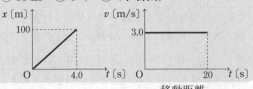

解説 ①〜③ 求める速さは，$\dfrac{移動距離}{経過時間}$ なので，

$$\frac{100\ \text{m}}{4.0\ \text{s}}=25\ \text{m/s}$$

単位は，$\dfrac{距離の単位}{時間の単位}$ より m/s となる。x-t グラフは，
x-t図ともいう。

④〜⑥ 求める距離は，速さ×経過時間なので，

　　$3.0\ \text{m/s}×20\ \text{s}=60\ \text{m}$

v-t グラフは，**v-t図**ともいう。

---

2 **27.8 m/s**

解説 時速 100 km は，1 時間，つまり，3600 秒
で 100 km 進む速さである。1 時間に進んだ距離を
m で表すと 100000 m なので，1 秒間あたりに進む
速さに換算すると，$\dfrac{100000\ \text{m}}{3600\ \text{s}}≒27.8\ \text{m/s}$ となる。

---

3 (1) **1667 km/h** (2) **463 m/s**

解説 (1) 時速 km/h を求めるので，

$$\frac{40000\ \text{km}}{24\ \text{h}}≒1667\ \text{km/h}$$

(2)(1) を秒速 m/s に変換する。

$$\frac{1667×1000}{3600}≒463\ \text{m/s}$$

---

4 (1)　　　　　　　　　　　　(2) **−2.0 m/s**

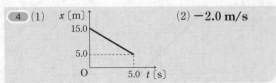

解説 (1) もともと原点から 15.0 m の位置にあっ
た物体が 5.0 秒間で原点から 5.0 m の位置に移動し
たので，負の傾きをもった直線グラフとなる。

(2) $\dfrac{5.0-15.0}{5.0-0}=-\dfrac{10.0}{5.0}=-2.0\ \text{m/s}$

ミスポイント 速度

　速度を問われているので，向き（符号）も答えな
ければならない。速度は**ベクトル**で表されるの
で，注意が必要である。

---

5 (1)（ありえ）**ない** (2) **36 km**

解説 (1) 等速直線運動なので，速さや向きが変
化することはなく，東向きのままである。

(2) 1 時間，すなわち 3600 秒で進む距離は，

　　$10\ \text{m/s}×3600\ \text{s}=36000\ \text{m}=36\ \text{km}$

---

6 (1) **8.0 m/s** (2) **2.0 m/s**

解説 (1) 川下に向かうときは，船の速さに川の
流れの速さが加わる。

　　$5.0\ \text{m/s}+3.0\ \text{m/s}=8.0\ \text{m/s}$

(2) 川上に向かうときは，船の速さに川の流れの速
さが邪魔をするように効いてくるので，遅くなる。

　　$5.0\ \text{m/s}-3.0\ \text{m/s}=2.0\ \text{m/s}$

---

7 (1) **225 km/h** (2) **−225 km/h**

解説 (1) 自動車に乗っている人が電車に追い抜
かれるシーン
をイメージす
るとよい。

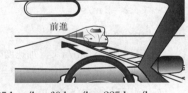

　相対速度は，
正の値をとる
ことになり，$285\ \text{km/h}-60\ \text{km/h}=225\ \text{km/h}$

(2) 電車に乗っている人が自動車を追い抜いていく
シーンをイメージするとよい。

相対速度は，負の値をとることになり，

　　$60\ \text{km/h}-285\ \text{km/h}=-225\ \text{km/h}$

注意 相対速度

　相対速度の問題はベクトルで考える方法もあ
るが，それが難しいときにはできるだけ日常で起
こっていることをイメージしながら問題を解く
とよい。一般に，相対速度は，相手の速度から観
測者の速度を差し引くことで求められる。

❷ 加速度 (p.4〜p.5)

❶ ① 4 m/s ② v-t ③（下左図）

④ 8 m ⑤ x-t ⑥（下右図）

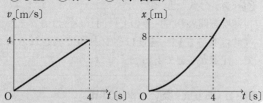

解説 ①〜③ 求める速さは，$v=v_0+at$ より，

$v=0\,\mathrm{m/s}+1\,\mathrm{m/s^2}\times4\,\mathrm{s}=4\,\mathrm{m/s}$

加速度 a が一定で，v は t の 1 次関数なので，v-t グラフは傾きが一定の直線となる。

④〜⑥ 求める移動距離は，$x=v_0t+\dfrac{1}{2}at^2$ より，

$x=0\,\mathrm{m/s}\times4\,\mathrm{s}+\dfrac{1}{2}\times1\,\mathrm{m/s^2}\times(4\,\mathrm{s})^2=8\,\mathrm{m}$

$v_0=0\,\mathrm{m/s}$ のとき，$x=\dfrac{1}{2}at^2$ より，x-t グラフは原点を頂点とする放物線になる。

❷ $2\,\mathrm{m/s^2}$

解説 $v=v_0+at$ を用いる。初速が $0\,\mathrm{m/s}$，5 秒後に $10\,\mathrm{m/s}$ なので，求める加速度の大きさは，

$10\,\mathrm{m/s}=0\,\mathrm{m/s}+a\times5\,\mathrm{s}$

よって，$a=2\,\mathrm{m/s^2}$

❸ $4\,\mathrm{m/s}$

解説 初速が $0\,\mathrm{m/s}$ で，加速度の大きさ $2\,\mathrm{m/s^2}$，移動距離が $4\,\mathrm{m}$ なので，$v^2-v_0{}^2=2ax$ より，

$v^2-0^2=2\times2\,\mathrm{m/s^2}\times4\,\mathrm{m}$

よって，求める速さは，$v=4\,\mathrm{m/s}$

❹ (1) $-2\,\mathrm{m/s^2}$ (2) $-10\,\mathrm{m/s}$

解説 (1) 初速度 $10\,\mathrm{m/s}$ で，5 秒後に斜面を折り返したから，このとき速度が $0\,\mathrm{m/s}$ となっている。$v=v_0+at$ を用いて，$0=10+a\times5$

すなわち，$a=-2\,\mathrm{m/s^2}$ となる。

(2) 10 秒後の速度は，$v=v_0+at$ より，

$v=10\,\mathrm{m/s}-2\,\mathrm{m/s^2}\times10\,\mathrm{s}=-10\,\mathrm{m/s}$

❺ (1)（下図） (2) 40 m (3) 7 秒後 (4) 50 m

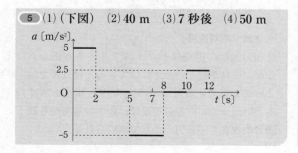

解説 (1) 0 秒から 2 秒までの加速度は

$\dfrac{10}{2}=5\,\mathrm{m/s^2}$

2 秒から 5 秒までの加速度は $0\,\mathrm{m/s^2}$，

5 秒から 8 秒までの加速度は $\dfrac{-5-10}{8-5}=-5\,\mathrm{m/s^2}$

8 秒から 10 秒までの加速度は $0\,\mathrm{m/s^2}$，

10 秒から 12 秒までの加速度は

$\dfrac{0-(-5)}{12-10}=\dfrac{5}{2}=2.5\,\mathrm{m/s^2}$

これらの計算値をもとにして，グラフに表す。

(2) 5 秒後の出発点からの距離は，v-t グラフの面積より，$\dfrac{1}{2}\times10\times2+10\times(5-2)=10+30=40\,\mathrm{m}$

(3) v-t グラフの $v\geqq0$ の部分で面積が最大のところを求めればよい。したがって，出発点から最も遠く離れるのは，7 秒後となる。

(4) (3) のとき，t 軸とグラフによって囲まれる台形の面積が求める距離に等しい。

$\dfrac{1}{2}\times(3+7)\times10=50\,\mathrm{m}$

❻ (1) 5 打点 (2) イ

解説 (1) 1 秒間に 50 回打点するので，その時間間隔は $\dfrac{1}{50}$ 秒。5 打点で $\dfrac{1}{10}$ 秒となる。

(2) 滑らかな斜面を滑り降りるので，加速度が一定で正のグラフを選べばよい。したがって，イが正解である。

☑ **注意　加速度と記録テープの短冊の長さ**

この問題は，実際に実験を経験しているとイメージしやすい。ここで切り取った短冊を，v-t グラフに貼った場合，短冊の長さから平均の速さが求められる。短冊の幅を限りなく狭くした場合は瞬間の速さを表すことになり，このグラフの傾きによって加速度が求められる。

---

❸ 落下運動 (p.6〜p.7)

❶ ①

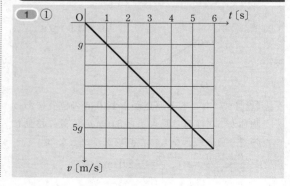

②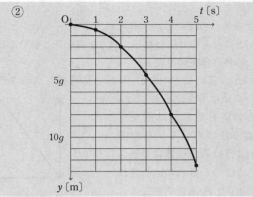

解説 ① 加速度の意味が1秒間ごとの速度の変化であることを考えて，自由落下する物体は，毎秒 g〔m/s〕ずつ速くなるとして v-t グラフを作成してみよう。また，$v=gt$ に代入してもよい。

② v-t グラフの面積を求めることで，落下距離 y を算出し，y-t グラフを作成してみよう。
また，$y=\dfrac{1}{2}gt^2$ に代入してもよい。

2 (1) **29.4 m/s** (2) **39.2 m**

解説 (1) 初速度 9.8 m/s の鉛直投げ下ろしなので，$v=v_0+gt$ より，

$v=9.8+g\times 2=9.8+9.8\times 2=29.4$ m/s

(2) 同様に，$y=v_0t+\dfrac{1}{2}gt^2$ より，

$y=9.8\times 2+\dfrac{1}{2}\times g\times 2^2=9.8\times(2+2)=39.2$ m

3 (1) (時間) **2 s** (高さ) **19.6 m**
　 (2) (時間) **4 s** (速度) **−19.6 m/s**

解説 (1) 最高点では，速度の大きさが 0 m/s になるので，$v=v_0-gt$ より，$0=19.6-9.8t$
よって，$t=2$ s となる。

高さは $y=v_0t-\dfrac{1}{2}gt^2$ より，

$y=19.6\times 2-\dfrac{1}{2}\times g\times 2^2=19.6\times 2-\dfrac{1}{2}\times 9.8\times 2^2$
$\quad=39.2-19.6=19.6$ m

(2) 再び投射点の高さに戻ってくるまでの時間は，最高点に達するまでの時間の2倍なので4秒である。このときの速度は，初速度と同じ大きさで向きが逆なので，−19.6 m/s である。

🔒**重要事項　落下運動**

鉛直投げ下ろし

$v=v_0+gt$　　$y=v_0t+\dfrac{1}{2}gt^2$

鉛直投げ上げ

$v=v_0-gt$　　$y=v_0t-\dfrac{1}{2}gt^2$

---

4 **8 m**

解説 鉛直方向は自由落下なので，$y=\dfrac{1}{2}gt^2$ より，落下時間は $19.6=\dfrac{1}{2}\times 9.8t^2$ よって，$t=2$ s となる。
水平方向は等速直線運動なので，
水平距離は 4 m/s×2 s＝8 m である。

④ 力とその表し方　　(p.8〜p.9)

1 ①

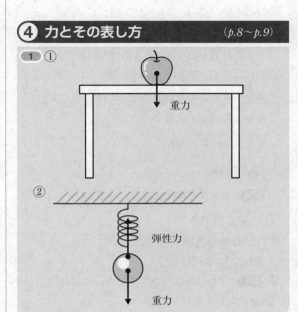

解説 ① 重力は，机の上に置かれていても，空中に置かれていても作用する。リンゴ全体に重力は作用するが，代表して重心にかかっているように描く。
② ばねにつるされた球に作用する力は2力で，1つは重力で鉛直下向き，もう1つは，弾性力で鉛直上向きである。静止しているとき，重力と弾性力の大きさは等しい。

2

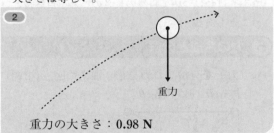

重力の大きさ：**0.98 N**

解説 空中を飛ぶボールに，ボールの進行方向に力が作用するように思っている生徒も多いが，空中を飛ぶボールは，水平方向には等速直線運動を行うため，加速度は 0 で，加わる力も 0 である。したがって，鉛直下向きに重力のみを受ける。その大きさは，$F=mg$ より，0.10 kg×9.8 m/s²＝0.98 N である。

3 (1) **20 N/m** (2) ① $\dfrac{k}{2}$ ② **2 k**

解説 (1)ばね定数を k とすると，フックの法則 $F=kx$ より， $2.0=k×0.10$　$k=20$ N/m

(2)フックの法則より， $F=kx$

① 2本のばねをつなげたときのばね定数を k_1 とする。このばねに力 F を加えると，2本のそれぞれのばねに F の大きさの力が加わり，ばね全体では $2x$ 伸びるので， $F=k_1×2x$ となる。

よって， $k_1=\dfrac{F}{2x}=\dfrac{k}{2}$

② 2本のばねをつなげたときのばね定数を k_2 とする。このばねに力 F を加えると，2本のそれぞれのばねには $\dfrac{F}{2}$ の大きさの力が加わり，ばね全体では $\dfrac{x}{2}$ 伸びるので， $F=k_2×\dfrac{x}{2}$ となる。

よって， $k_2=\dfrac{2F}{x}=2k$

4 **7.5 N/m**

解説 グラフの交点を読みとって， $k=\dfrac{F}{x}$ より，

$\dfrac{3.0\text{ N}}{0.40\text{ m}}=7.5$ N/m

5 （ばねの自然の長さ）**0.20 m**

　（ばね定数）**98 N/m**

解説 ばねの自然の長さを x_0 〔m〕，ばね定数を k 〔N/m〕とすると，

$$1.0×9.8=k×(0.30-x_0)$$
$$2.0×9.8=k×(0.40-x_0)$$

下の式から上の式を引くと， $9.8=k×0.10$

よって，ばね定数 k は， $k=\dfrac{9.8}{0.10}=98$ N/m

また，ばねの自然の長さ x_0 は，

$x_0=0.30-\dfrac{1.0×9.8}{98}=0.20$ m

なお，ばねについて自然の長さのことを**自然長**ということもある。

⑤ 力の合成と分解　　(p.10〜p.11)

1 （力 $\vec{F}$ を分解した力を描き加えた図）（下図）

　① $F\sin\theta$　　② $F\cos\theta$

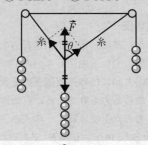

解説 力 $\vec{F}$ を分解した力を描き加えるには，まず，力 $\vec{F}$ の→の終点を通り，2本の糸にそれぞれ平行な直線を引く。次に，引いた直線と糸とが交わってできる2つの交点を，それぞれ力 $\vec{F}$ の→の始点と結ぶと，力 $\vec{F}$ を分解した2つの力を描くことができる。力の終点は矢印で表す。

①，②辺の長さの比が $3:4:5$ の直角三角形を用いた分け方をすると，力 $\vec{F}$ を分解した分力は直交座標に分けられる。右の図のように直交座標に分解された2つの分力の大きさは， $F\sin\theta$ と $F\cos\theta$ である。

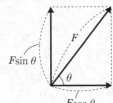

図より $\sin\theta=\dfrac{4}{5}$, $\cos\theta=\dfrac{3}{5}$ であるから，

$F\sin\theta=\dfrac{4}{5}F$, $F\cos\theta=\dfrac{3}{5}F$ となる。

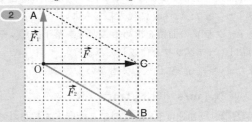

解説 まず，力 $\vec{F_1}$ の→の終点 A を通り，力 $\vec{F_2}$ に平行な直線を引く。力 $\vec{F_2}$ の矢印の終点 B を通り，力 $\vec{F_1}$ に平行な直線を引くと，平行四辺形が描ける。続いて，力 $\vec{F_1}$, $\vec{F_2}$ の始点 O から，2直線の交点 C に向かう矢印を引く。これが2力 $\vec{F_1}$, $\vec{F_2}$ の**合力** $\vec{F}$ である。

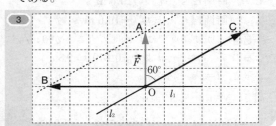

解説 まず，力 $\vec{F}$ の→の終点 A から l_2 に平行な直線を引き，これと l_1 との交点を B とする。続いて，力 $\vec{F}$ の→の終点 A から l_1 に平行な直線を引き，これと l_2 との交点を C とする。 $\overrightarrow{\text{OB}}$, $\overrightarrow{\text{OC}}$ が， $\vec{F}$ の**分力**となる。

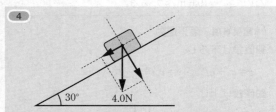

（斜面に平行な力）**2.0 N**　（斜面に垂直な力）**3.4 N**

解説 斜面に平行な方向の分力の大きさは，

$$4.0 \times \frac{1}{2} = 2.0 \text{ N}$$

斜面に垂直な方向の分力の大きさは，

$$4.0 \times \frac{\sqrt{3}}{2} ≒ 3.4 \text{ N}$$

5

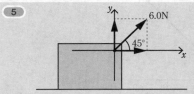

(x成分) 4.2 N　(y成分) 4.2 N

解説 x成分とy成分の分力の大きさはそれぞれ

$$6.0 \times \frac{1}{\sqrt{2}} = 3\sqrt{2} ≒ 3 \times 1.4 = 4.2 \text{ N}$$

⑥ 力のつりあい　(p.12〜p.13)

1 ① m_1g　② m_2g　③ b　④ c+d
　⑤⑥ b，c(またはe，f)(順不同)
　⑦⑧ e，f(またはb，c)(順不同)

解説 ①，②質量 m の物体には重力 mg がはたらく。

③〜⑧2力の力のつりあいも，作用・反作用の2力の関係も，「同一作用線上，等しい大きさで，逆向きの2力」となるが，力のつりあいは同一物体についてで，作用・反作用の2力は，別物体間での物理現象なので注意が必要である。

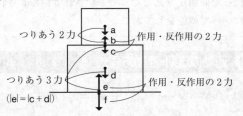

2 (1) 20 N　(2) 17 N

解説 (1) 水平方向右向きに x 軸を，鉛直方向上向きに y 軸をとる。さらに糸が引く力を張力 T とおき，x 成分と y 成分に分解すると，下の図のようになる。

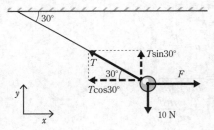

ここで，y 軸方向のつりあいの式をたてると，

$T\sin 30° - 10 = 0$ より，求める張力 T は，

$$T = \frac{10}{\sin 30°} = \frac{10}{\frac{1}{2}} = 20 \text{ N}$$

(2) 水平方向に引く力を F とおく。

x 軸方向のつりあいの式をたてると，

$$F - T\cos 30° = 0$$

よって，

$$F = T\cos 30° = 20 \times \frac{\sqrt{3}}{2} = 10\sqrt{3} ≒ 10 \times 1.7$$
$$= 17 \text{ N}$$

3 (糸1の張力) 17 N　(糸2の張力) 10 N

解説 糸1の張力を T_1，糸2の張力を T_2 とおく。おもりに作用する力は3力で，T_1，T_2 とおもりに作用する重力 W である。

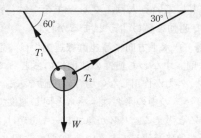

水平方向右向きに x 軸を，鉛直方向上向きに y 軸をとり，x 成分と y 成分に分解すると，下の図のようになる。

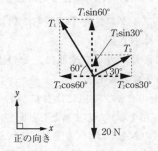

以上から，

x 軸方向のつりあいの式をたてると，

$$-T_1\cos 60° + T_2\cos 30° = 0$$
$$-\frac{1}{2}T_1 + \frac{\sqrt{3}}{2}T_2 = 0$$

y 軸方向のつりあいの式をたてると，

$$T_1\sin 60° + T_2\sin 30° - 20 = 0$$
$$\frac{\sqrt{3}}{2}T_1 + \frac{1}{2}T_2 - 20 = 0$$

よって，$T_1 = 17 \text{ N}$　$T_2 = 10 \text{ N}$

4 どちらも同じ長さである。

解説 それぞれの図に，どのような力がはたらいているか記入して考える。

図Aでは，おもりに重力 W がはたらき，上向きに張力 T がはたらく。このとき，おもりは静止しており，$T=W$ である。また，ばねには右側に張力 $T=W$ がはたらき，壁と接する左側は $T=W$ の力で引かれる。

図Bでは，両側のおもりに重力 W がはたらき，上向きにそれぞれ張力 T がはたらくため，ばねは両側から $T=W$ の力で引かれる。

図A，Bともにばねは両側から同じ大きさの力で引かれているため，ばねの長さはどちらも等しい。

❼ 運動の法則・運動方程式 ① (p.14〜p.15)

❶ ① はたらいていない（はたらいている合力が 0）　② バスの進行方向につんのめる（傾く）　③ 乗車している人は，ブレーキをかける前の速度で運動を続けようとするから。

🗨解説 ① 水平方向に等速直線運動中は，運動の第1法則，すなわち慣性（かんせい）の法則にのっとっている。つまり，外力が作用しない場合の運動である。
②，③ バスの中の乗客は，バスと同じ速度で移動していると考える。バスが急ブレーキをかけ，タイヤと床が急に減速しても，中の乗客は，ブレーキをかける前の速度で運動し続けようとするので，足は床とともに減速するが，上体はそのままの速度を維持しようとし，バスの進行方向につんのめる（傾く）。

❷ （動作）テーブルクロスを手で持ち，机に水平に，すばやく引き抜く。
（理由）慣性により，カップや皿は，そのまま机の面上に落下するから。

🗨解説 机の上のカップや皿には質量があり，そのため慣性が存在する。だるま落としと同じように，テーブルクロスのみをすばやく引き抜くと，その上のカップや皿は，そのまま机の面上に落下し静止する。

❸ (1)（グラフ）（下図）　k_1. 1.0

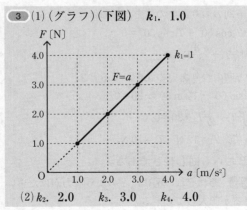

(2) k_2. 2.0　k_3. 3.0　k_4. 4.0

(3)（グラフ）（下図）　（関係式）$m=k$

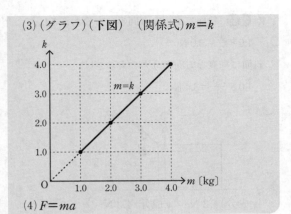

(4) $F=ma$

🗨解説 (1) $m_1=1.0$ のデータを用いて F-a グラフを描くと，原点を通る直線が得られる。

(2) (1)の方法でグラフを作成し，その傾きを読み取ると，右の表のような値が得られる。

m と k の関係

m〔kg〕	$k\left(=\dfrac{F}{a}\right)$
1.0	1.0
2.0	2.0
3.0	3.0
4.0	4.0

(3) (2)の値をもとに k-m グラフを作成する。関係式を求めると，$m=k$ となる。

(4) (3)の $m=k$ …… ① の k は(2)のグラフの傾きなので，$k=\dfrac{F}{a}$ …… ② だから，①，②より，$F=ma$ という実験式が求められる。求める関係式は $F=ma$ となる。

☑注意　実験問題
大学入学共通テストでは，今後ますます実験を扱った問題が増えてくると予想されている。それに向けて準備をしておこう。

❽ 運動の法則・運動方程式 ② (p.16〜p.17)

❶ ① N　② mg　③ $N-mg=0$　④ $\dfrac{F}{m}$

🗨解説 ①〜③ 物体の面と鉛直（えんちょく）方向には，物体にはたらく重力 mg と，上向きに重力と同じ大きさの垂直抗力 N がはたらくから，
力のつりあいの式は，$N-mg=0$（$N=mg$）
④ 水平方向に生じる加速度を a とすると，運動方程式は，
$$ma=F$$
よって，$a=\dfrac{F}{m}$ となる。

❷ $a_1=\dfrac{F}{m_1+m_2}$　$a_2=\dfrac{F}{m_1+m_2}$
（張力）$=\dfrac{m_1 F}{m_1+m_2}$

右向きを正とし，下の図のように張力を T，加速度を $a_1=a_2=a$ とする。

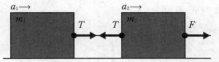

それぞれの物体について運動方程式をたてると，

$$m_1a=T \quad \cdots\cdots①$$
$$\underline{+)\,m_2a=F-T \quad \cdots\cdots②}$$
$$(m_1+m_2)a=F$$

よって，求める加速度 a は，右向きに

$$a=\frac{F}{m_1+m_2}\cdots\cdots③ \text{ となる。}$$

また，張力 T は①と③の式より，

$$T=\frac{m_1F}{m_1+m_2} \text{ となる。}$$

> ☑**注意** 物理で扱う糸には，「軽くて」，「伸び縮みしない」という約束がある。これにより， **2** では次のようなことがいえる。
>
> ・「軽くて」から導かれること
> →糸の質量を $m(\fallingdotseq0)$ とすると，
> 糸の運動方程式は，
> $$ma=T_2-T_1$$
> ここで，$m=0$ より，$T_2-T_1=0$
> よって，$T_1=T_2$
> したがって，糸の質量が無視できる場合，糸の張力は，いたるところで一定である。
> ・「伸び縮みしない」から導かれること
> →両物体の間の距離は変化しない。つまり，両物体の同時間内の移動距離は等しいから，
> $$\frac{1}{2}a_1t^2-\frac{1}{2}a_2t^2=0$$
> よって，$a_1=a_2$
> したがって，糸が伸び縮みしない場合，両物体の加速度は等しいことがわかる。

3 $\quad a=\dfrac{F}{m_1+m_2} \quad R=\dfrac{m_2F}{m_1+m_2}$

解説 両物体をはなして描くとよい。両物体が互いに押しあう力を R とすると，この図のようになる。

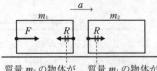

質量 m_2 の物体が質量 m_1 の物体を押し返す力　質量 m_1 の物体が質量 m_2 の物体を押す力

右向きを正とし，それぞれの物体について運動方程式をたてると，

$$m_1a=F-R \quad \cdots\cdots①$$
$$\underline{+)\,m_2a=R \quad \cdots\cdots②}$$
$$(m_1+m_2)a=F$$

よって，求める加速度は，右向きに

$$a=\frac{F}{m_1+m_2}\cdots\cdots③ \text{ となる。}$$

押しあう力は②と③の式より，$R=\dfrac{m_2F}{m_1+m_2}$ となる。

> ☑**注意** **3** において，両物体を一体物として扱う。加速度を a とすると，運動方程式は $(m_1+m_2)a=F$ だから，$a=\dfrac{F}{m_1+m_2}$ となる。
> 上述の押しあう力 R は，質量 (m_1+m_2) の物体の内力となる。

4 $\quad a=\dfrac{m_2g}{m_1+m_2} \quad T=\dfrac{m_1m_2}{m_1+m_2}g$

解説 質量 m_2 の物体の落下する向きを正とすると，運動方程式は，次のようになる。

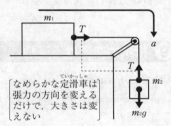

なめらかな定滑車は張力の方向を変えるだけで，大きさは変えない

$$m_1a=T \quad \cdots①$$
$$\underline{+)\,m_2a=m_2g-T \quad \cdots②}$$
$$(m_1+m_2)a=m_2g$$

よって，$a=\dfrac{m_2g}{m_1+m_2} \quad \cdots③$

また，張力 T は①と③の式より，$T=\dfrac{m_1m_2}{m_1+m_2}g$

5 $\quad a=\dfrac{m_1-m_2}{m_1+m_2}g \quad T=\dfrac{2m_1m_2}{m_1+m_2}g$

解説 質量 m_1 の物体の落下する向きを正とすると，運動方程式は，

$$m_1a=m_1g-T$$
$$\underline{+)\,m_2a=T-m_2g}$$
$$(m_1+m_2)a=(m_1-m_2)g$$

よって，$a=\dfrac{m_1-m_2}{m_1+m_2}g$

また，張力 T は，$(a=)\dfrac{m_1g-T}{m_1}=\dfrac{T-m_2g}{m_2}$

$$T=\frac{2m_1m_2}{m_1+m_2}g$$

> ☑**注意　アトウッドの実験**
>
> この実験を，アトウッドの実験といい，重力加速度の大きさを求めた実験としても意義がある。入試でも頻出問題である。

6 $a = g\sin\theta$　$N = mg\cos\theta$

🧑**解説** 物体は，斜面にめり込んだり浮き上がったりせず，斜面に沿って運動するから，斜面に垂直な方向の力はつりあっている。したがって，物体の加速度を考える場合には，斜面方向を考えればよい。

　右の図のように，斜面に沿って下向きをx軸の正，斜面と垂直に下向きをy軸の正とすると，x方向，y方向について，

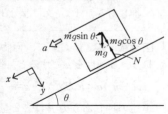

　x；$ma = mg\sin\theta$　（運動方程式）
　y；$mg\cos\theta - N = 0$　（力のつりあい）
よって，求める加速度aは，$a = g\sin\theta$
垂直抗力Nは，$N = mg\cos\theta$

⑨ 抵抗力を受ける運動 　　(p.18〜p.19)

1 ① $mg\sin\theta_0$　② $mg\cos\theta_0$
　③ $F_0 - mg\sin\theta_0 = 0$　④ $N - mg\cos\theta_0 = 0$
　⑤ $\tan\theta_0$

🧑**解説** ①，②重力mgを斜面に平行な方向と，斜面に垂直な方向に分解し，力のつりあいが成立するとして，力を図示すると，右の図のようになる。

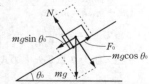

③〜⑤斜面に平行な成分のつりあいは，斜面に沿って上向きを正とすると，

　$F_0 - mg\sin\theta_0 = 0$　……③ の式
斜面に垂直な成分のつりあいは，斜面と垂直に上向きを正とすると，

　$N - mg\cos\theta_0 = 0$　……④ の式
最大摩擦力F_0は，
　$F_0 = \mu N$
この式と③，④の式より

　$\mu = \dfrac{F_0}{N} = \dfrac{mg\sin\theta_0}{mg\cos\theta_0} = \tan\theta_0$　……⑤ の式

2 (1) $a_1 = (\sin\theta - \mu'\cos\theta)g$
　(2) $a_2 = -(\sin\theta + \mu'\cos\theta)g$
　(3) $x = \dfrac{v_0{}^2}{2(\sin\theta + \mu'\cos\theta)g}$

🧑**解説** (1) 斜面に沿って下向きをx軸の正の向き，斜面と垂直に下向きをy軸の正の向きとすると，

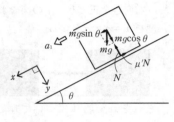

　x軸方向；$ma_1 = mg\sin\theta - \mu'N$　……①
　y軸方向；$mg\cos\theta - N = 0$　……②
①，②式より，
　$a_1 = (\sin\theta - \mu'\cos\theta)g$

(2) 斜面に沿って上向きをx軸の正の向き，斜面と垂直に上向きをy軸の正の向きとすると，

　x軸方向；$ma_2 = -mg\sin\theta - \mu'N$　…③
　y軸方向；$N - mg\cos\theta = 0$　…④
③，④式より，
　$a_2 = -(\sin\theta + \mu'\cos\theta)g$

(3) a_2が一定より，物体の運動は等加速度直線運動である。
したがって，$0^2 - v_0{}^2 = 2a_2x$ より，

　$x = \dfrac{v_0{}^2}{2(\sin\theta + \mu'\cos\theta)g}$

3 $F > \dfrac{\mu mg}{\cos\theta + \mu\sin\theta}$

🧑**解説** 水平方向と，鉛直方向のつりあいの式をたてると，

　水平方向；$F\cos\theta - \mu N = 0$　……①
　鉛直方向；$F\sin\theta + N - mg = 0$　……②

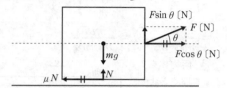

②より，垂直抗力Nは，$N = mg - F\sin\theta$であるから，①に代入すると，$F\cos\theta - \mu(mg - F\sin\theta) = 0$

$F = \dfrac{\mu mg}{\cos\theta + \mu\sin\theta}$

したがって，物体が動き出すためには，

$F > \dfrac{\mu mg}{\cos\theta + \mu\sin\theta}$　であればよい。

④ (1) $\dfrac{mg}{k_1}$　(2) $\sqrt{\dfrac{mg}{k_2}}$

解説 (1) 終端速度では，それ以上に加速しないので，加速度は 0 であるから，

$$ma=mg-k_1v_1=0$$

よって，求める終端速度 v_1 は，$v_1=\dfrac{mg}{k_1}$ となる。

(2)同様に考えて，$ma=mg-k_2v_2{}^2=0$

よって，$v_2=\sqrt{\dfrac{mg}{k_2}}$ となる。

⑩ 圧力と浮力　　　　　(p.20〜p.21)

1 ① gh_1　② gh_2　③ ρgh　④ **Pa**

解説 ①，② 高さ h_1 のほうの体積を V_1 とし，その圧力を p_1，高さ h_2 のほうの体積を V_2 とし，その圧力を p_2 とする。

$$p_1=\dfrac{1.0\times10^3\times V_1g}{S}=\dfrac{1.0\times10^3\times Sh_1g}{S}=1.0\times10^3\times gh_1$$

$$p_2=\dfrac{1.0\times10^3\times V_2g}{S}=\dfrac{1.0\times10^3\times Sh_2g}{S}=1.0\times10^3\times gh_2$$

③ p_1，p_2 の結果を一般化して，ρgh

④ 圧力の単位は Pa。1 Pa＝1 N/m²

2 **99881 Pa**

解説 大気圧を p_0〔Pa〕，求める気圧を p〔Pa〕，ボウリングのボールの質量を m〔kg〕，断面積を S〔m²〕とする。ボウリングのボールを右の図のように板で表して，つりあいの式をたてると，

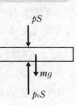

$$pS+mg=p_0S=1.013\times10^5\times S$$

$$p=\dfrac{101300S-mg}{S}=101300-\dfrac{mg}{S}$$

$$=101300-\dfrac{5.5\times9.8}{3.14\times0.11\times0.11}$$

$$≒101300-1419=99881\ \text{Pa}$$

3 **8 %**

解説 氷の体積を V_1，密度を ρ_1，氷が水に沈む体積を V，水の密度を ρ とすると，氷にはたらく重力の大きさと水による浮力は等しく，

$$\rho_1V_1g=\rho Vg\ \ \ \cdots\cdots①$$

x％が水につかっているとすると，① より，

$$0.92\times10^3\times V_1g=1.0\times10^3\times\dfrac{x}{100}V_1g$$

$$x=\dfrac{0.92\times10^3\times100}{1.0\times10^3}=92$$

よって，水面より上に出ている氷の体積は 8%。

④ $\rho_0V>M+\rho V$

解説 容積 V〔m³〕の気球にはたらく浮力の大きさは，ρ_0Vg〔N〕である。また，気球内に密度 ρ〔kg/m³〕の気体を入れたとき，この気球にはたらく重力の大きさは，$(M+\rho V)g$〔N〕である。気球が浮くためには，気球にはたらく重力よりも浮力の方が大きくならないといけない。$\rho_0Vg>(M+\rho V)g$ である。よって，$\rho_0V>M+\rho V$ となる。

5 (1) **49 N**　(2) **54 N**

解説 $F=\rho Vg$ より，

(1)水中で物体にはたらく浮力の大きさは，

$$1.0\times10^3\ \text{kg/m}^3\times5.0\times10^{-3}\ \text{m}^3\times9.8\ \text{m/s}^2$$

$$=49\ \text{N}$$

(2)食塩水中で物体にはたらく浮力の大きさは，

$$1.1\times10^3\ \text{kg/m}^3\times5.0\times10^{-3}\ \text{m}^3\times9.8\ \text{m/s}^2$$

$$=53.9\ \text{N}≒54\ \text{N}$$

第2章 | 仕事とエネルギー

⑪ 仕事と仕事率 (p.22〜p.23)

1

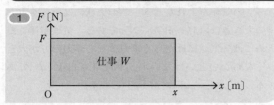

解説 仕事の定義より，$W=Fx$ となる。したがって，F-x グラフでは，囲まれた面積が仕事 W を示す。

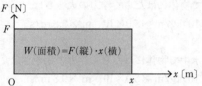

2 **0 J**

解説 $W=Fx\cos 90°=0$〔J〕

3 (1) **4.9 J** (2) **0 J** (3) **−2.5 J**

解説 (1) $mgh=0.50\ \text{kg}\times 9.8\ \text{m/s}^2\times 1.0\ \text{m}=4.9\ \text{J}$

(2) 変位の方向は水平で，重力の方向とは直角である。よって，重力のする仕事は，0 J である。

(3) $W=Fx\cos\theta=mgx\cos\theta$
$=0.50\ \text{kg}\times 9.8\ \text{m/s}^2\times 1.0\ \text{m}\times\cos 120°$
$=-2.45\ \text{J}\fallingdotseq -2.5\ \text{J}$

別解 重力の斜面に沿う成分は，下向きに，
$mg\sin 30°=4.9\ \text{N}\times\dfrac{1}{2}=2.45\ \text{N}$ である。変位は上向きに 1.0 m であるので，仕事は負となり，
$-2.45\ \text{N}\times 1.0\ \text{m}=-2.45\ \text{J}\fallingdotseq -2.5\ \text{J}$

4 $mgv\sin\theta$

解説 物体にはたらく重力の斜面と平行な成分は $mg\sin\theta$ …① である。物体は一定の速さで動いているので，斜面をのぼる力 F は，①の力と同じ大きさである。よって，$P=Fv=mgv\sin\theta$ となる。

5 $\dfrac{Ekv}{100x}$〔W〕

解説 抵抗の大きさ F〔N〕に逆らって x〔m〕進む自動車の仕事は，$W=Fx$〔J〕である。その仕事に使われるエネルギーは，$E\times\dfrac{k}{100}$〔J〕であるから，

$Fx=E\times\dfrac{k}{100}$ より，$F=\dfrac{Ek}{100x}$ である。

よって，$P=Fv=\dfrac{Ekv}{100x}$〔W〕

⑫ 運動エネルギー (p.24〜p.25)

1 ① 運動エネルギー ② $\dfrac{1}{2}mv^2$
③ 質量 ④ 速さの2乗（③，④は順不同）

解説 ① 台車はとまるまでに，物体を x〔m〕押すという仕事をするので，運動エネルギーをもっているといえる。

② 台車について，運動方程式は，$ma=-F$ である。また，この間，等加速度直線運動を行うので，
$0^2-v^2=2ax$ である。
両式から，$W=Fx=(-ma)x=\dfrac{1}{2}mv^2$ となる。

③〜④ ②より，「質量」と「速さの2乗」の積に比例する。

2 ① **2** ② **4**

解説 動いている物体がもつエネルギーを運動エネルギーという。

① 質量が物体Aの2倍なので，運動エネルギーも物体Aの2倍である。

② 運動エネルギーは速さの2乗に比例するので，速さが2倍になると，運動エネルギーは4倍になる。

3 (1) **6.0 J** (2) **4.0 m/s**

解説 (1) 初めと終わりの運動エネルギーの差を求めるとよい。
$\dfrac{1}{2}\times 4.0\times 2.0^2-\dfrac{1}{2}\times 4.0\times 1.0^2=6.0\ \text{J}$

(2) 物体の速さが 2.0 m/s のときのエネルギーに 24 J だけ加えるとよいので，
$\dfrac{1}{2}\times 4.0\times v^2=\dfrac{1}{2}\times 4.0\times 2.0^2+24$ より，$v^2=16$
よって，$v=4.0\ \text{m/s}$

4 (1) **16 J** (2) **16 J**

解説 (1) $\dfrac{1}{2}mv^2=\dfrac{1}{2}\times 2.0\times 4.0^2=16\ \text{J}$

(2) 最初にもっていたすべてのエネルギーが摩擦力によって失われたので 16 J である。

5 (1) **40 J** (2) **5.0 N**

解説 (1) $\dfrac{1}{2}mv^2=\dfrac{1}{2}\times 5.0\times 4.0^2=40\ \text{J}$

(2) 動摩擦力を F' とすると，$F'\times 8.0=40\ \text{J}$
よって，$F'=5.0\ \text{N}$

6 (1) $-\dfrac{1}{2}mv_0^2$ (2) $h=\dfrac{v_0^2}{2g}$

解説 (1) もとは $\dfrac{1}{2}mv_0^2$ の運動エネルギーをもっていたが，最高点では速度が0なので，運動エネル

ギーも 0。つまり，$\frac{1}{2}mv_0^2$ だけ，運動エネルギーが
失われた。

(2)鉛直投げ上げと考える。

$v^2-v_0^2=-2gh$

最高点では $v=0$ なので，$h=\dfrac{v_0^2}{2g}$

別解 投げ上げられたもとの高さでの運動エネル
ギーと，最高点での位置エネルギーは等しいから，

$\dfrac{1}{2}mv_0^2=mgh$ より，$h=\dfrac{v_0^2}{2g}$

⑬ 位置エネルギー （p.26〜p.27）

1 ① 位置エネルギー　② 3.9 J
③ 位置エネルギー　④ 0.50 J

解説 ①，② 地面を基準として，高さ 2.0 m の
ところにある質量 0.20 kg のリンゴは，重力による
位置エネルギー $U=mgh$ をもち，

$U=0.20\times9.8\times2.0=3.92\fallingdotseq3.9$ J

③，④ 伸びたばねは，弾性力による位置エネルギー
$U=\dfrac{1}{2}kx^2$ をもち，

$U=\dfrac{1}{2}\times100\times(10\times10^{-2})^2=0.50$ J

2 (1) 49 J　(2) 20 J　(3) 31 m/s　(4) −20 J

解説 (1)求める重力による位置エネルギーを U_{50}
とすると，$U_{50}=0.10\times9.8\times50=49$ J

(2)地面から 30 m の高さでのボールの位置エネル
ギーを U_{30} とすると，自由落下により失われた重力
による位置エネルギーは，

$U_{50}-U_{30}=49-0.10\times9.8\times30=49-29.4\fallingdotseq20$ J

(3)高さ 50 m の位置にあったボールが地面に衝突す
るときは，等加速度直線運動を行っているので，

$v^2-0^2=2\times9.8\times50$　$v^2=980$

よって，$v=30.8\fallingdotseq31$ m/s

(4)高さ 20 m から見て，地面の高さは−20 m であ
ることから，求める重力による位置エネルギーを
U_{-20} とすれば，

$U_{-20}=0.10\times9.8\times(-20)\fallingdotseq-20$ J

🔒 **重要事項　エネルギー**

運動エネルギー

$\quad K=\dfrac{1}{2}mv^2$

重力による位置エネルギー

$\quad U=mgh$

弾性力による位置エネルギー

$\quad U=\dfrac{1}{2}kx^2$

3 0.049 J

解説 つりあいの式 $kx=mg$ から，

ばね定数 k は，$k=\dfrac{mg}{x}$ より，

$k=\dfrac{0.040\times9.8}{0.040}=9.8$ N/m

したがって，ばねによる弾性エネルギー U は，

$U=\dfrac{1}{2}kx^2$ より，

$U=\dfrac{1}{2}\times9.8\times0.1^2=0.049$ J

4 (1) $a=\dfrac{mg}{k}$　(2) $U=\dfrac{m^2g^2}{2k}$　(3) $U=-\dfrac{m^2g^2}{k}$

解説 (1)おもりに作用する重力と弾性力がつり
あうので，$mg-ka=0$　$a=\dfrac{mg}{k}$

(2)弾性エネルギー U は，(1)の結果を用いて，

$U=\dfrac{1}{2}k\left(\dfrac{mg}{k}\right)^2=\dfrac{m^2g^2}{2k}$

(3)重力による位置エネルギー U は，おもりの高さ
が基準面よりも低いので，負の値となる。

$U=mg(-a)=mg\left(-\dfrac{mg}{k}\right)=-\dfrac{m^2g^2}{k}$

⑭ 力学的エネルギーの保存 （p.28〜p.29）

1 ① 垂直抗力　② 0　③ 重力　④ mgh

解説 ①，③ ジェットコースターにはたらく力
は垂直抗力と重力の 2 力である。

②垂直抗力は，ジェットコースターの運動方向に
対し，常に垂直であることから仕事をしないので，
0 である。

④重力は**保存力**であり，経路によらず，その仕事
は高さによってのみ決まるので $W=mgh$ である。

2 $v=\sqrt{2gh}$

解説 力学的エネルギー保存の法則より，

$0+mgh=\dfrac{1}{2}mv^2+0$　　よって，$v=\sqrt{2gh}$

3 $h_A=\dfrac{v^2}{2g}+H$

解説 小球の質量を m とすれば，力学的エネル
ギー保存の法則より，$0+mgh_A=\dfrac{1}{2}mv^2+mgH$

$h_A=\dfrac{v^2}{2g}+H$

4 (1) $v_0=\sqrt{2gL(1-\cos\theta_0)}$

    (2) $v=\sqrt{2gL(\cos\theta-\cos\theta_0)}$

解説 (1)力学的エネルギーを E とすると，

$$E_A=K_A+U_A=0+mg(L-L\cos\theta_0)$$
$$=0+mgL(1-\cos\theta_0)$$
$$E_C=K_C+U_C=\frac{1}{2}mv_0{}^2+0$$

$E_A=E_C$ より，$\frac{1}{2}mv_0{}^2=mgL(1-\cos\theta_0)$

よって，$v_0=\sqrt{2gL(1-\cos\theta_0)}$

> **☑注意** 力学的エネルギー保存の問題では，下
> のように，それぞれのエネルギーを，もとの式
> にあてはめるように記述していくとよい。
>
> （力学的エネルギー）＝（運動エネルギー）＋（位置エネルギー）
>
> E ＝ K ＋ U

(2)(1)より，$E_A=K_A+U_A=0+mgL(1-\cos\theta_0)$

$$E_B=K_B+U_B=\frac{1}{2}mv^2+mgL(1-\cos\theta)$$

$E_A=E_B$ より，$\frac{1}{2}mv^2+mgL(1-\cos\theta)=mgL(1-\cos\theta_0)$

$$\frac{1}{2}mv^2=mgL(1-\cos\theta_0)-mgL(1-\cos\theta)$$
$$=mgL(\cos\theta-\cos\theta_0)$$

したがって，$v=\sqrt{2gL(\cos\theta-\cos\theta_0)}$

> **🔒重要事項　振り子運動**
>
> 糸の張力は運動の向きにつねに垂直なので仕
> 事をせず，仕事をするのは重力のみである。そ
> のため，振り子運動での力学的エネルギーは保
> 存される。

5 $v=\sqrt{ga}$

解説 自然の長さのときのおもりの位置を，重力
による位置エネルギーの基準面にとる。
フックの法則より，このばねのばね定数 k は，

$mg-ka=0$ より，$k=\dfrac{mg}{a}$

一方，点 **A** でのこの物体のもつ位置エネルギー U_A
は，ばねの弾性力による位置エネルギーと，重力に
よる位置エネルギーの和より，

$U_A=\dfrac{1}{2}ka^2-mga=\dfrac{1}{2}\dfrac{mg}{a}a^2-mga=-\dfrac{1}{2}mga$

力学的エネルギー保存の法則より，

$\dfrac{1}{2}mv^2-\dfrac{1}{2}mga=0+0$

よって，$v=\sqrt{ga}$

---

⑮ 熱と温度　　　　　　　　　（p.30～p.31）

1 ① 309 K　② 232 K

   ③ −79℃　④ −196℃

解説 $T=t+273$ より，

① $36+273=309$ K

② $-41+273=232$ K

$T=t+273$ より，$t=T-273$ だから，

③ $194-273=-79$ ℃

④ $77-273=-196$ ℃

2 (1) ① 融解　② 蒸発　③ 融点　④ 沸点

  (2) 凝華

解説 (1)固体から液体になる現象を**融解**，液体
から気体になる現象を**蒸発**，気体が液体になる現象
を**凝縮**，液体が固体になる現象を**凝固**という。

また，固体から液体へと状態を変える温度を**融点**，
液体から気体へと状態を変える温度を**沸点**という。
融点では固体と液体が共存した状態，沸点では液体
と気体が共存した状態である。

(2)固体から気体に直接変化する現象を**昇華**といい，
その逆は**凝華**という。

3 $p=p_0+\dfrac{mg}{S}$

解説 ピストンには，おもりと大
気圧による圧力がかかり，つりあっ
ている。

$p=\dfrac{F}{S}$ より，$F=pS$

$pS-p_0S-mg=0$

よって，$p=p_0+\dfrac{mg}{S}$

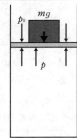

4 2.00×10^5 Pa

解説 求める圧力は，水圧 ρgh＋大気圧 である。

$\rho=1.02\times10^3$ kg/m^3 だから，

$1.02\times10^3\times9.80\times10+1.00\times10^5$

$\fallingdotseq1.00\times10^5+1.00\times10^5=2.00\times10^5$ Pa

⑯ 熱 量 (p.32〜p.33)

1 ① (下図) ② $6.68×10^4$

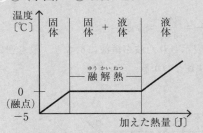

③ (下図) ④ $2.25×10^3$

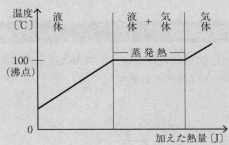

解説 ①, ②融点に達するまでは, 時間とともに上昇し, 融点に達してからは, 融解熱として使われるので, グラフは一定温度を示す。すべてが融解し終えると, 再び温度上昇を始める。0℃の氷を融解するのに必要な熱量は,
$334×200=66800=6.68×10^4$ J である。

③, ④沸点に達するまでは, 時間とともに上昇し, 沸点に達してからは, 蒸発熱として使われるので, グラフは一定温度を示す。すべてが蒸発し終えると, 再び温度上昇を始める。蒸発熱は,
$\dfrac{4.50×10^5}{200}=2.25×10^3$ J/g である。

2 $3.93×10^4$ J

解説 エタノールの蒸発熱が 393 J/g なので, 100 g の場合, $393×100=3.93×10^4$ J

3 $2.0×10^2$ J/g

解説 $\dfrac{2.0×10^5}{1.0×10^3}=2.0×10^2$ J/g

4 (1) 76 J/K (2) 51℃ (3) 24℃

解説 (1) 熱容量＝比熱容量×質量 である。
よって, $0.38×200=76$ J/K
(2) 求める温度を t〔℃〕とすると,
水が放出した熱量 Q_1 は,
$$Q_1=4.2×50×(70-65)$$
銅製容器が吸収した熱量 Q_2 は,
$$Q_2=0.38×200×(65-t)$$

熱量保存の法則から $Q_1=Q_2$ であるから,
$$4.2×50×(70-65)=0.38×200×(65-t)$$
$$t=51.1\cdots≒51℃$$
(3) 求める温度を t〔℃〕とすると,
銅の金属球が放出した熱量 Q_1 は,
$$Q_1=0.38×100×(50-t)$$
銅製容器が吸収した熱量 Q_2 は,
$$Q_2=0.38×200×(t-20)$$
水が吸収した熱量 Q_3 は, $Q_3=4.2×50×(t-20)$
熱量保存の法則から $Q_1=Q_2+Q_3$ であるから,
$$0.38×100×(50-t)$$
$$=0.38×200×(t-20)+4.2×50×(t-20)$$
$$t=23.5\cdots≒24℃$$

⑰ エネルギーの変換と保存 (p.34〜p.35)

1 ① $pSΔL$ ② $\dfrac{pSΔL}{Q}$

解説 (1) 力 F は, 圧力×面積なので, $F=pS$ となる。よって, $W=FΔL=pSΔL$ となる。
(2) あたえられた熱が Q で外部に行った仕事 W が $pSΔL$ なので, $e=\dfrac{W}{Q}=\dfrac{pSΔL}{Q}$ となる。

2 150 J

解説 熱力学第1法則より, 内部エネルギーの増加は, $ΔU=Q+W=100+50=150$〔J〕

3 (1) 450 J (2) 0.25

解説 (1) 熱力学第1法則より, 求める内部エネルギーの変化は, $ΔU=Q+W=600-150=450$ J
(2) $e=\dfrac{W}{Q}=\dfrac{150}{600}=0.25$

4 $1.6×10^5$ J

解説 1秒間で発生する熱 Q は,
$$Q=4.5×10^4×5.0=2.25×10^5 J$$
熱効率が 0.30 より, 仕事に使われず排熱されるのは 0.70 となるので,
$$2.25×10^5×0.70=1.575×10^5≒1.6×10^5 J$$

5 ① 高温 ② 低温 ③ 拡散 ④ 不可逆
⑤ 可逆

解説 自然界の現象の多くは, 不可逆変化である。つまり, ある方向へはひとりでに変化するが, 逆向きの変化のためには, 何らかの手を加えなければならない。振り子の運動も, 現実には, 空気抵抗や糸をとめている部分での摩擦があるため, 減衰し, やがてはとまってしまう。

⑱ 波の表し方と波の要素 (p.36〜p.37)

1 ① 振幅 ② 波長 ③ 山 ④ 谷 ⑤ 周期

解説 ① 変位の最大値を**振幅**という。

② 振動の状態が同じ2点間の距離を**波長**という。

③〜④ 波形の最も高いところを**山**，最も低いところを**谷**という。波形における山の高さまたは谷の深さが振幅であり，隣り合う山と山または谷と谷の間隔が波長である。

⑤ 1回の振動にかかる時間を**周期**という。

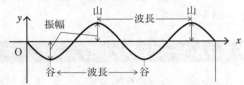

2 (下図)

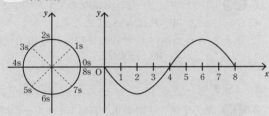

解説 原点 O を中心に y 軸上を単振動させると，正弦波が媒質を伝わる。1周期後の時刻，$t=8$ s での波形を y-x グラフで表す。

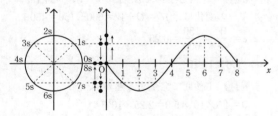

3 (1) $v=\dfrac{\lambda}{T}$ (2) $f=\dfrac{1}{T}$ (3) $v=f\lambda$

解説 (1) 速さ＝距離÷時間より，$v=\dfrac{\lambda}{T}$

(2) 振動数は，1秒間に何回振動するかを示す量である。もし，周期が 0.2 秒なら，1秒間に5回振動することになる。この例にみるように，周期と振動数は逆数の関係にあるので，

$$f=\frac{1}{T}$$

(3) (1)の周期 T に振動数を代入すると，

$$v=\frac{\lambda}{T}=f\lambda$$

4 (1) 85 Hz (2) b

解説 (1) 波長はグラフより $\lambda=4.0$ m である。

$v=f\lambda$ より，

$$f=\frac{v}{\lambda}=\frac{340}{4.0}=85 \text{ Hz}$$

(2) 横波表示された波を縦波に戻すと，最も密になる場所は **b** とわかる。

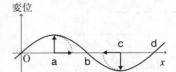

⑲ 波の性質 (p.38〜p.39)

1 (1) (2秒後の波形は，下図の太線の合成波。他の線は作図の過程で引く線)

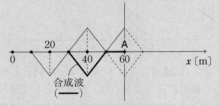

(2) (2秒後の波形は，下図の太線の合成波。他の線は作図の過程で引く線)

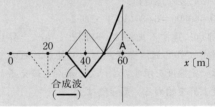

解説 (1) 2秒後に固定端反射でできる波の作図は，次のように行う。

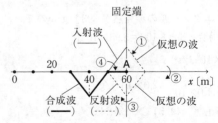

① 入射波が固定端を通り抜けたと仮想した，2秒後の波を描く。

② 仮想の波①を x 軸に関して折り返した仮想の波②を描く。

③ 仮想の波②を固定端に関して折り返すと，反射波が描ける。

④ 入射波と反射波を合成した合成波を描く。2秒後

に反射波が届かない部分の波は，入射波がそのまま合成波となる。

固定端反射では，反射の境界での媒質（A点）の変位は0である。これも作図の手がかりになる。

(2) 2秒後に自由端反射でできる波の作図は，次のように行う。

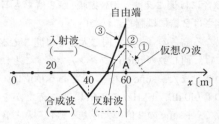

① 入射波が自由端を通り抜けたと仮想した波を描く。

② 仮想の波①を自由端に関して折り返すと，反射波が描ける。

③ 入射波と反射波を合成した合成波を描く。2秒後に反射波が届かない部分の波は，入射波がそのまま合成波となる。

自由端反射では，反射の境界での媒質（A点）は自由に変位でき，最大値は振幅の2倍まで可能なので，これも手がかりに作図しよう。

②（下図の太線の部分）

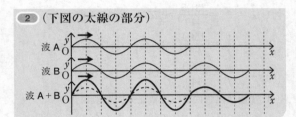

（解説）波Aと波Bは2周期目までは同位相の波で，波の山と谷が一致していて，振幅は等しいので，合成波は同位相で，振幅は波Aと波Bの振幅を合わせた大きさとなる。3周期目は波Bと同じ波形を描けばよい。

③（下図の太線の部分）

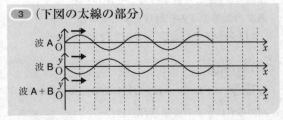

（解説）波Aと波Bは逆位相の波で，振幅は等しいので，合成波は原点Oからx軸上に延びる直線となる。

④（定在波は，下図の太線の部分）

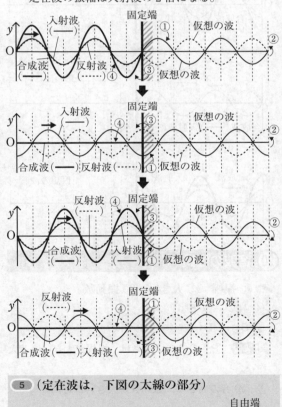

（解説）正弦波の固定端反射でできる定在波の作図は，次の①〜④のように行う。

① 入射波が固定端を通り抜けたと仮想した波を描く。

② 仮想の波①を軸に関して折り返した仮想の波を描く。

③ 仮想の波②を固定端に関して折り返すと，反射波が描ける。

④ 入射波と反射波を合成した合成波を描く。

波を入射し続けると，波は右に進み，下の図のように合成波の波形の変化が繰り返され，定在波ができる。固定端の位置では，定在波の節ができ，定在波の振幅は入射波の2倍になる。

⑤（定在波は，下図の太線の部分）

解説 正弦波の自由端反射でできる定在波の作図は，次の①～③のように行う。

① 入射波が自由端を通り抜けたと仮想した波を描く。

② 仮想の波①を自由端に関して折り返すと，反射波が描ける。

③ 入射波と反射波を合成した合成波を描く。

波を入射し続けると，波は右に進み，下の図のように合成波の波形の変化が繰り返され，定在波ができる。自由端の位置では，定在波の腹ができ，定在波の振幅は入射波の2倍になる。

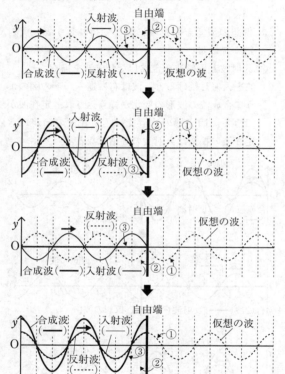

⑳ 音波の性質 (p.40～p.41)

1 ① 振幅　② 大きい　③ 振動数
④ 高い　⑤ E　⑥ A
⑦ B　⑧ D(⑦，⑧は順不同)

解説 ①，② 音の大きさは，振幅が大きいほど大きい。

③，④ 音の高さは，振動数が大きいほど高い。

⑤ 最も高い音は，振動数が最も大きい E である。

⑥ 最も小さい音は，振幅が最も小さい A である。

⑦，⑧ 音の高さが等しい音は，振動数が等しいから，B と D である。

注意　dB(デシベル)

実際には，音の大きさは音の高さによって異なる。音圧(dB(デシベル))は，空気の圧力の大きさ，つまり dB(振幅)の大きさを表したものだが，高さの異なる音では dB(振幅)が同じでも同じ大きさの音には聞こえず，dB(振幅)が2倍でも音の大きさは2倍には感じられない。

異なる高さの音でも，同じ大きさに聞こえる場合には，同じ数の phon(フォン)で表すことにしている。また，sone(ソーン)という単位は，基準の音(40 dB，1 kHz)の何倍に聞こえたかを表す数で，1 sone の2倍の大きさと感じられる音の大きさを2 sone と表す。

音の大きさに関しては，感覚的，あるいは心理的な尺度(しゃくど)に基(もと)づいているものもあるので，注意が必要である。

---

2 (1) 0.753 m　(2) 3.41 m　(3) 13.5 m
(4) 音速は，一般に固体中を伝わる方が気体中を伝わる速さより速い。

解説 音も波動なので，音の速さ v と振動数 f と波長 λ の間には，$v=f\lambda$ の関係がある。

(1) $\lambda = \dfrac{v}{f} = \dfrac{331.5}{440} = 0.7534\cdots \fallingdotseq 0.753$ m

(2) $\lambda = \dfrac{v}{f} = \dfrac{1500}{440} = 3.409\cdots \fallingdotseq 3.41$ m

(3) $\lambda = \dfrac{v}{f} = \dfrac{5950}{440} = 13.52\cdots \fallingdotseq 13.5$ m

(4) 音速は媒質によって決まり，一般に，
気体<液体<固体の順に大きくなる。

---

3 440 Hz

解説 うなりが2秒間に4回なので，1秒間に2回のうなりが発生したことになる。わずかに高くしたら，回数が減少したので，最初の楽器の音の振動数は 442 Hz より低かったことがわかる。
最初の楽器の音の振動数を x とすると，
$442-x=2$　よって，$x=442-2=440$ Hz

---

4 341 m/s

解説 メトロノームは1分間に160回振れるから，1回の振れにかかる時間(周期)は $\dfrac{60}{160} = \dfrac{3}{8}$ 秒 である。
メトロノームの音が交互に聞こえたのだから，音と音の間隔はその半分の $\dfrac{3}{16}$ 秒 となる。

その間に音が進んだ距離が 64 m なので，音速は，

$$\frac{64}{\frac{3}{16}} = 341.3\cdots \fallingdotseq 341 \ \text{m/s}$$

5 446 Hz

解説 X と A を鳴らすと，うなりが 2 秒間に 12 回なので，1 秒間に 6 回のうなりが発生した。また，X と B を同時に鳴らすと，うなりが 3 秒間に 6 回なので，1 秒間に 2 回のうなりが発生したことになる。おんさ X の振動数を x とすると，

X と A の場合，$|x-440|=6$ より，
$x-440=\pm 6$　よって，$x=440\pm 6$
$x=434,\ 446$

X と B の場合，$|x-444|=2$ より，
$x-444=\pm 2$　よって，$x=444\pm 2$
$x=442,\ 446$

以上の結果より，X の振動数は 446 Hz であることがわかる。

㉑ 音源の振動　　　(p.42〜p.43)

1 ① 4　② $\dfrac{L}{2}$　③ $\dfrac{fL}{2}$

解説 ①，② 定在波の腹が 4 つなので，波長 λ は，
$\lambda = \dfrac{2L}{4} = \dfrac{L}{2}$
③ 弦を進む波の速さ v は，$v=f\lambda$ なので，②より，
$v = f\lambda = \dfrac{fL}{2}$

2 開管のほうが音が高く，開管の振動数は閉管の振動数の 2 倍になる。

解説 開管では，$f_1 = \dfrac{V}{2L}$
閉管では，$f_1' = \dfrac{V}{4L}$

よって，$f_1 = 2f_1'$ なので，開管のほうが高く，その振動数は閉管の 2 倍である。振動数が 2 倍の音は，もとの音より 1 オクターブ高い音になる。

3 (1) $2f$　(2) $3f$

解説 (1) 開管では，基本振動は $f_1 = \dfrac{V}{2L} = f$

次の共鳴は 2 倍振動の $f_2 = \dfrac{V}{L} = 2f$

(2) 閉管では，基本振動は $f_1 = \dfrac{V}{4L} = f$

次の共鳴は 3 倍振動の $f_3 = \dfrac{3V}{4L} = 3f$

4 異なる。

弦にできる定在波の振動数は，A はおんさの振動数と同じで，B はおんさの振動数の半分になる。

解説 電磁おんさの開閉にともなう弦の動きを図示すると，次のようになる。

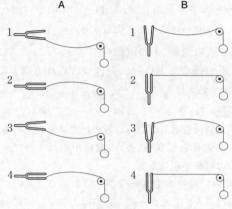

A のように接続すると，おんさの 1 周期の振動で，弦にも 1 周期の定在波ができることがわかる（左上図）。

一方，B のように接続すると，おんさの 1 周期の振動では，弦に定在波の半周期の振動しかできないので，おんさの振動数の半分の振動数の定在波ができることがわかる（右上図）。

よって，おんさの接続の仕方（向き）によって，定在波の振動数は異なり，弦に対して直角に接続した場合，おんさの半分の振動数の定在波ができる。

5 (1) $\lambda = 2(L_2 - L_1)$　(2) $f = \dfrac{V}{2(L_2-L_1)}$

(3) $d = \dfrac{L_2 - 3L_1}{2}$

解説 (1) 気柱にできている音の波形は，右図のようになっている。音の波長を λ とすると，
$\lambda = 2(L_2 - L_1)$

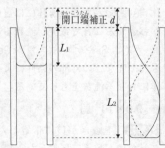

(2) スピーカーの振動数 f は，

$f = \dfrac{V}{\lambda} = \dfrac{V}{2(L_2-L_1)}$

(3) 開口端補正を上図より d とすると，

$d = \dfrac{\lambda}{4} - L_1 = \dfrac{L_2-L_1}{2} - L_1 = \dfrac{L_2-3L_1}{2}$

㉒ 静電気 (p.44～p.45)

1 ① 負 ② 正

解説 ① ティッシュペーパーのほうが，図で左側なので，ストローは負(-)に帯電する。
② プラスチック消しゴムのほうが，図で右側なので，ストローは正(+)に帯電する。

2 (1) 正の電荷(+の電荷)
(2) 近づけたストローに引きつけられる向きに回転する。

解説 (1) ティッシュペーパーでこすったストローは負に帯電している。近づけたストローのもっている電荷とは異種(逆)の電荷が現れるので，正(+)の電荷が現れる。
(2) 互いに異種の電気を帯びているので，互いに引きつけあう。したがって，近づけたストローに引きつけられる向きに回転する。

3 (1) ① 原子 ② 原子核 ③ 電子
④ 陽子 ⑤ 中性子
⑥ 陽子 ⑦ 電子(⑥，⑦は順不同)
(2) ⑧ 導体 ⑨ 不導体(絶縁体)
⑩ 自由電子 ⑪ 半導体

解説 (1) ①～⑤ 原子は原子核と電子からなり，原子核は陽子と中性子とからできている。
⑥，⑦ 原子番号は陽子の数で決まる。陽子は正の電荷を，電子は負の電荷をもっており，電気的に中性の原子では，陽子の数と電子の数が等しい。
(2) ⑧～⑩ 物質には，金属のように電気をよく通す導体と，木や石やゴムのように電気を通さない不導体(絶縁体)がある。導体には自由電子があり，これが移動することで電流が流れる。
⑪ ケイ素 Si やゲルマニウム Ge のような半導体は，温度や光などの外部の条件によって，導体にも不導体にもなる性質をもっている。

4 $5.0×10^{14}$ 個

解説 下敷きが負に帯電したから，電子はセーターから下敷きに移動した。移動した電子の数は，
$$\frac{-8.0×10^{-5}}{-1.6×10^{-19}}=5.0×10^{14} 個$$

5 $-3.2×10^{-9}$ C

解説 ストローは負に帯電するので，
$$-1.6×10^{-19}×2.0×10^{10}=-3.2×10^{-9} C$$

㉓ 電流 (p.46～p.47)

1 ① 自由電子 ② $4.0×10^{19}$

解説 ① 金属線を電流が流れるとき，電流の向きと反対の向きに自由電子が流れている。
② 自由電子が，断面積 $S[m^2]$ の金属線を1秒間に n 個移動すると，自由電子1個あたりの電荷は $e=-1.6×10^{-19}$ C だから，
$$I=\frac{q}{t}=\frac{n|e|}{1}=6.4$$
よって，$n=\dfrac{6.4}{1.6×10^{-19}}=4.0×10^{19}$

2 0.5 Ω

解説 オームの法則 $V=R×I$ より，
$$R=\frac{V}{I}=\frac{2}{4}=0.5 Ω$$

3 2.8 Ω

解説 $R=\rho\dfrac{L}{S}$ より，
$$R=1.1×10^{-6}×\frac{2.5}{1.0×10^{-6}}=2.75≒2.8 Ω$$

4 $1.3×10^{-7}$ Ω・m

解説 $R=\dfrac{V}{I}=\dfrac{1.5}{1.2}=1.25$ Ω
$R=\rho\dfrac{L}{S}$ より，
$$\rho=R\frac{S}{L}=1.25×\frac{4.0×10^{-7}}{4.0}≒1.3×10^{-7} Ω・m$$

5 1.5 A

解説 合成抵抗は，$3.8+4.2=8.0$ Ω
よって，点 P を流れる電流の大きさは，
$$I=\frac{V}{R}=\frac{12}{8.0}=1.5 A$$

6 (1) 3.6 Ω (2) 6.0 Ω (3) 7.2 V (4) 1.2 A

解説 (1) 抵抗 B と C の合成抵抗を $R_{BC}[Ω]$ とすると，
$$\frac{1}{R_{BC}}=\frac{1}{9}+\frac{1}{6}=\frac{5}{18} \quad R_{BC}=\frac{18}{5}=3.6 Ω$$
(2) 抵抗 A，B，C の合成抵抗 $R[Ω]$ とすると，
$$R=2.4+R_{BC}=2.4+3.6=6.0 Ω$$
(3) $I=\dfrac{V}{R}=\dfrac{18}{6.0}=3.0$ A
抵抗 A にかかる電圧 V_A は $V_A=3.0×2.4=7.2$ V
(4) 抵抗 B と C にそれぞれかかる電圧は等しいので，抵抗 B にかかる電圧 V_B は，
$$V_B=18-7.2=10.8 V$$
よって，抵抗 B を流れる電流の大きさ I_B は，
$$I_B=\frac{10.8}{9.0}=1.2 A$$

㉔ 電気エネルギー　　(p.48〜p.49)

1 ① 12　② 8.3　③ 7.2×10⁵

解説 ① $P=VI$ より，$I=\dfrac{P}{V}=\dfrac{1200}{100}=12$ A

② $V=RI$ より，$R=\dfrac{V}{I}=\dfrac{100}{12}≒8.3$ Ω

③ $W=Pt=1200×10×60=7.2×10^5$ J

2 3.6×10⁶ J

解説 1 W＝1 J/s

1 kWh＝1000 W×1 h＝1000 J/s×3600 s＝3.6×10⁶ J

3 (1) 2分31秒　(2) 2分6秒

解説 (1)水を沸騰させるのに必要な熱量 Q は，

$Q=mc\varDelta T=200×4.2×(100-10)=75600$ J

求める時間 t は，ジュールの法則 $Q=Pt$ より，

$t=\dfrac{Q}{P}=\dfrac{75600}{500}=151.2$ 秒，151.2 秒≒2分31秒

(2) $Q=75600$ J，$P=600$ W より，

$t=\dfrac{Q}{P}=\dfrac{75600}{600}=126$ 秒，126 秒＝2分6秒

4 5分57秒(357秒)

解説 水 1 L＝1000 cm³ の重さは，

1000×1＝1000 g

水を沸騰させるのに必要な熱量 Q は，

$Q=mc\varDelta T=1000×4.2×(100-15)=357000$ J

よって求める時間 t は，ジュールの法則より，

$t=\dfrac{Q}{P}=\dfrac{357000}{1000}=357$ 秒，357 秒＝5分57秒

5 (1) 720円　(2) 21600円

解説 (1)消費電力量は，1.2×24＝28.8 kWh

25×28.8＝720 円 となる。

(2) 720×30＝21600 円

6 (1) 4.8×10⁵ J　(2) 10分(600秒)

解説 (1)必要な熱量 Q を求める。

$Q=mc\varDelta T=40×1.2×10^3×1.0×10=4.8×10^5$ J

(2) $\dfrac{4.8×10^5}{800}=600$ 秒，600 秒＝10分

㉕ 磁　場　　(p.50〜p.51)

1 (1) (例) (下図の矢の向き)

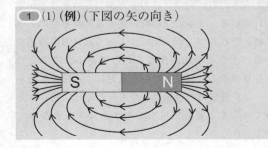

(2) (例) (下図の矢の向き)

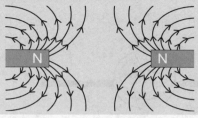

解説 (1)磁力線は N 極から出て S 極に入るように，矢印の向きを描く。

(2)磁力線は N 極から出て S 極に入る。したがって，N 極付近では，磁力線は放出される向きに矢印を描く。

2 (例) (下図の矢印)

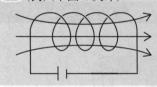

解説 スイッチを閉じたとき，電流は上向きに奥から手前に向かうようにしてコイルの導線を流れる。

磁力線は，右ねじを回す向きに電流を流したときの右ねじが進む向きに描く。

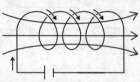

3 (方位磁針の向きは，図の○内の矢印)

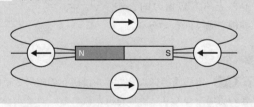

解説 N 極から S 極に入るように磁力線は描かれ，方位磁針も同じ向きを指す。

4 (方位磁針の向きは，図の○内の矢印)

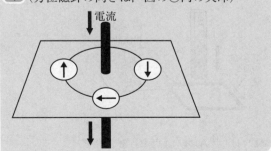

解説 電流を流す向きに右ねじが進むと考えたとき，右ねじを回す向きに磁力線は描かれ，方位磁針

も同じ向きを指す。

5 (1)（下図） (2)**a**

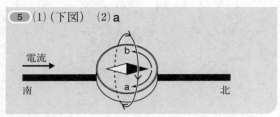

電流 →
南　　　　　　　北

👤解説 電流を流す向きに右ねじが進むと考えたとき，右ねじを回す向きに磁力線は描かれるので，上の図のようになる。また，方位磁針は，導線より上の方位磁針と同じ側を通る磁力線の向きと同じ向きを指す。よって，**a**の向きに振れる。

㉖ モーターと発電機 (p.52～p.53)

1 (1)（下図の矢印）

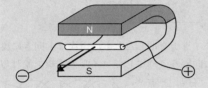

👤解説 **フレミングの左手の法則**を使ってみよう。中指の向きを電流の向き，人さし指を磁場の向きに合わせるとき，親指の向きが，導線が動く向きである。

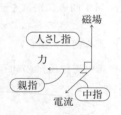

2 **左**

👤解説 電磁誘導によりコイルは磁石の磁場と逆向きの磁場をつくり，誘導電流が流れる。コイルからN極を遠ざけると検流計の針は右に振れる。また，S極を遠ざけるとき，検流計の針はN極を遠ざけるときとは逆に振れるから，左に振れる。

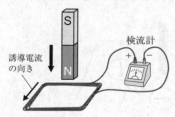

3 (1)（点A）**オ** （点B）**ク** (2)**ア**

👤解説 (1)点A，点Bそれぞれにフレミングの左手の法則を考えると，下図のように力がはたらく。

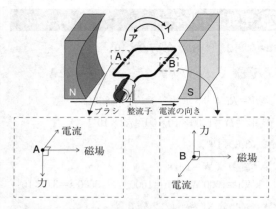

(2)(1)より**ア**となる。

4 (1)**イ** (2)**左（向き）**
(3)**電気抵抗Rで熱エネルギーになる。**

👤解説 (1)導体棒が力を受け，図の回路の面積が広がり，面積内の受ける上向きの磁場が増える。磁場が増えることで，電磁誘導がおこる。
　レールにN極を近づけたときと同じように誘導電流が流れる。

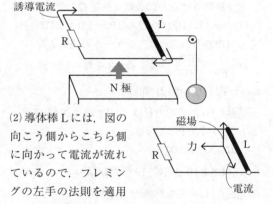

(2)導体棒Lには，図の向こう側からこちら側に向かって電流が流れているので，フレミングの左手の法則を適用してみると左向きの力を受けることがわかる。
(3)(2)より，導体棒Lは，おもりにより右向きに引かれるが，やがて，電磁誘導によって生じる磁場から受ける力がフレミングの左手の法則による向きにはたらきだし，実は，この2力がつりあうことが知られている。まるで，雨粒の落下速度が重力によって加速されるが，空気抵抗によって最終的に等速になるのと似た現象が生じるわけである。このため，おもりの落下により失われた重力による位置エネルギーは，導体棒の運動エネルギーの増加に使われるのではなく，電気抵抗Rで熱エネルギーとなって放出される。

ミスポイント　電磁誘導の法則

　この問題は，フレミングの左手の法則だけでは解けない。落下物体が，どのようなはたらきをするかを見抜こう。

㉗ 交流と電磁波　　　　　(p.54〜p.55)

1 ① 向き　② 大きさ(①，② は順不同)
③ 交流　④ 周波数(振動数)
⑤ Hz(ヘルツ)

解説 ①〜③家庭用の電流は交流で，電圧の向きと大きさが周期的に変化する。
④，⑤1秒あたりの振動の回数を周波数(振動数)といい，単位はHz(ヘルツ)を用いる。東日本では50 Hz，西日本では60 Hzの交流が使われている。

2 ① 実効値　② 2　③ 200

解説 ①交流では，電圧や電流の最大値の約0.71倍の値を実効値という。ふつう，交流100 Vなどというときは実効値のことである。
②実効値を用いると，オームの法則が成り立ち，
$I=\dfrac{V}{R}=\dfrac{100}{50}=2\,\mathrm{A}$　$P=VI=100\times2=200\,\mathrm{W}$

3 ① VI　② RI^2　③ 電流(I)　④ 大きく
⑤ 変圧器(トランス)

解説 電力 P は $P=VI=RI^2$ と書ける。このとき，これまで R は使用する電化製品の抵抗と考えてきたが，実は，電化製品を使う前に，送電線でも電気を使ってきている。送電線で使う電気を少なくするためには電流 I をできるだけ小さくする。つまり，電圧 V をできるだけ大きくする必要がある。

4 (1) 7.5 周　(2) 8 分 20 秒(500 秒)

解説 (1)1秒間に光が進む距離は，3.0×10^8 mである。これが40000 kmの何倍かを求めればよいので，
$\dfrac{3.0\times10^8}{40000\times10^3}=7.5$ 周
(2) $\dfrac{1.5\times10^{11}}{3.0\times10^8}=500$ 秒，500 秒＝8 分 20 秒

5 ① 電磁波　② 真空　③ マクスウェル
④ ヘルツ　⑤ 火花放電　⑥ エネルギー

解説 電磁波は，マクスウェルによって存在を予言され，ヘルツによって実験を通して存在が確認された。さらに，マルコーニが無線通信に成功することで，電磁波の実用化が進み，現在社会の情報通信を支えている。

㉘ エネルギーの利用 ①　　(p.56〜p.57)

1 ① 位置　② 運動　③ 電気

解説 水力発電では，高い位置から水を流し，その運動エネルギーによって水車を回して発電している。

2 ① 化学　② 運動

解説 ①化石燃料を燃焼させると熱が発生するから，化石の内部には化学結合の形で化学エネルギーが蓄えられていると考えられる。
②風の実態は，空気の運動である。風力発電では，空気の運動エネルギーを利用する。

3 5 m²

解説 1 m² あたり毎秒1 kJ(1000 J)の10％のエネルギー100 Jが電力に変換されるので，1 m² あたりだと，100 Wの電力が生じる。
したがって，500 Wの電力を得るための太陽電池の面積は，5 m² となる。

4 (1) 1.8×10^{10} J　(2) 3.6×10^2 L
(3) 2.2×10^{-14} kg　(4) 4.4×10^{-1} m²

解説 (1)1 kWhは，1 kWの電力を1時間使用したときに消費されるエネルギー(電力量)である。
したがって，1 kWh＝3.6×10^6 J
よって，5000 kWh＝$5000\times3.6\times10^6$ J＝1.8×10^{10} J
(2) $\dfrac{1.8\times10^{10}}{5.0\times10^7}=3.6\times10^2$
(3) $\dfrac{1.8\times10^{10}}{8.2\times10^{23}}=2.19\cdots\times10^{-14}≒2.2\times10^{-14}$ kg
(4) $\dfrac{1.8\times10^{10}}{4.1\times10^{10}}=0.439\cdots≒4.4\times10^{-1}$ m²

㉙ エネルギーの利用 ②　　(p.58〜p.59)

1 ① 核　② 熱　③ 運動　④ 電気

解説 原子力発電所では，核分裂の際に発生する熱によって高温・高圧の水蒸気をつくり，その水蒸気でタービンを回し，それに接続された発電機を回転させて発電する。

2 (1) (陽子の数)29　(中性子の数)34
(2) (陽子の数)92　(中性子の数)146
(3) (質量数)222　(原子番号)86
(4) (質量数)234　(原子番号)90

解説 (1) $^{63}_{29}$Cu より，陽子の数は 29 とわかる。したがって，中性子の数は 63−29＝34

(2) $^{238}_{92}$U より，陽子数は 92

中性子の数は 238−92＝146

(3) $^{226}_{88}$Ra で，α線の実体はヘリウム $^4_2$He の原子核だから，ラドンの質量数は 226−4＝222

原子番号は 2 減って，88−2＝86

(4) $^{238}_{92}$U より，(3)と同様に，

質量数は 238−4＝234

原子番号は 92−2＝90

3 ① 透過性（透過力） ② 電離作用
③ 電離作用 ④ 透過性 ⑤ 中性子
⑥ 核分裂 ⑦ 連鎖（れんさ） ⑧ 臨界（りんかい）

解説 ①〜④α線の実体はヘリウムの原子核，γ線の実体は電磁波である。α線は電離作用が大きく，透過性（透過力）は小さい。また，γ線は電離作用が小さく，透過性（透過力）は大きい。
⑤〜⑧原子力発電所の原子炉では，中性子を吸収する制御棒（せいぎょぼう）を操作し，ウランなどの核分裂を制御している。

4 ① 農業 ② 工業（①・②は順不同）
③ 被曝（ひばく） ④ DNA（または遺伝子）

解説 放射線は，医療分野をはじめ，農業では品種改良を，工業では滅菌（めっきん）や非破壊（はかい）検査などに活用されている。人体が大量に被曝すると死亡するので，注意が必要である。また低放射線量でも細胞分裂が盛んな部位にあてないように注意する必要がある。

5 (1) 37 (2) 39 (3) 56

解説 中性子を吸収したり放出したりしても，原子番号は変わらない。求める原子番号は，陽子の数の差を求めればよい。

(1)92−55＝37 で，原子番号は 37。(この原子核はルビジウム Rb)

(2)92−53＝39 で，原子番号は 39。(この原子核はイットリウム Y)

(3)92−36＝56 で，原子番号は 56。(この原子核はバリウム Ba)

総まとめテスト ① (p.60〜p.61)

1 (1) 3.0 m/s^2 (2) −20 N (3) 15 m

解説 (1) $v＝at$ より，$a＝\dfrac{6.0}{2.0}＝3.0$ m/s^2

(2) $t＝2.0$ s から $t＝8.0$ s の間の加速度は，

$$-\frac{6.0-(-6.0)}{8.0-2.0}＝-\frac{12.0}{6.0}＝-2.0 \text{ m/s}^2$$

運動の第2法則で，運動方程式 $F＝ma$ より，小物体に作用した力 F は，$F＝10×(−2.0)＝−20$ N

(3) 小物体が最も原点から離れたのは，v-t グラフで囲まれた面積が最も大きくなったときである。5秒のとき，$S＝\dfrac{1}{2}×5×6＝15$〔m〕

ミスポイント 変 位

本問のような v-t グラフでは，正の面積は原点から離れた距離を表す。負の面積は原点に向かって戻った距離を表す。また，正の面積と負の面積の和は，物体の移動距離を表している。

2 9.0 cm

解説 ばねを直列に接続したとき，どちらのばねもかかる重力は

0.090 kg × 10 m/s^2＝0.90 N である。

フックの法則 $F＝kx$ より，

$90×10^{-3}×10＝15x$

$90×10^{-3}×10＝30y$

よって，$x＝\dfrac{90×10^{-3}×10}{15}＝6.0×10^{-2}$ m より，

$x＝6.0×10^{-2}$ m＝6.0 cm

$y＝\dfrac{90×10^{-3}×10}{30}＝3.0×10^{-2}$ m より，

$y＝3.0×10^{-2}$ m＝3.0 cm

したがって，求める長さは 6.0＋3.0＝9.0 cm

注意 ばねの直列つなぎと並列つなぎ

ばねの直列つなぎでは，おもりの荷重は，両方のばねにかかる。並列つなぎでは，おもりの荷重を，それぞれのばねで分担するということに注意しよう。

3 (1) 439.5 Hz (2) 強めるべき

解説 (1) 周期 T と振動数 f の関係 $f＝\dfrac{1}{T}$ より，2秒の周期を振動数に換算すると，$f＝\dfrac{1}{2}＝0.5$ Hz となる。バイオリンの弦の音のほうが，おんさよりも低いので，求める振動数は，

440.0−0.5＝439.5 Hz

(2)弦を強く張ることで，440.0 Hz にあわせる。

4 (1) **0.10 A** (2) **0.90 V** (3) **0.075 A**

解説 (1) オームの法則 $V=RI$ より，

$$I=\frac{V}{R}=\frac{1.2}{12}=0.10\,\text{A}$$

(2) この回路の合成抵抗は，$12+4.0=16\,\Omega$
回路を流れる電流は，

$$I=\frac{V}{R}=\frac{1.2}{16}\,\text{A だから，}$$

$12\,\Omega$ の抵抗にかかる電圧は，

$$12\times\frac{1.2}{16}=0.90\,\text{V}$$

(3) 求める電流は，$I=\dfrac{V}{R}=\dfrac{1.2}{16}=0.075\,\text{A}$

☑ **注意　電流計の内部抵抗**

　電流計（もちろん電圧計も）には内部抵抗がある。そのため，計器をつなぐ前に予想される測定値と，実際に計器を接続して測定した場合で，実測値は予想される理想的なデータからずれることがある。実際に実験を行うときはその点に注意しよう。

総まとめテスト ②　　(p.62～p.63)

1 (1) **588 N** (2) **できる，294 N**
(3) **できる，19.0 kg**

解説 (1) 人と板を一体として考えると，質量は，$50.0+10.0=60.0\,\text{kg}$ で，このおもりを引き上げればよい。したがって，必要な力は $60.0\times9.80=588\,\text{N}$
(2) 人にはたらく力は，下向きに体重による重力 mg，上向きに板との間の垂直抗力 N_1，上向きにひもを引く張力 T_1 の 3 力なので，

$$50.0\times9.80-N_1-T_1=0\cdots\cdots①$$

また，板にはたらく力は，板が浮くので板と床との間の垂直抗力は 0 であるから，下向きに板の重力，下向きに人が板を押す力 N_1，上向きに張力 T_1 の 3 力なので，

$$10.0\times9.80+N_1-T_1=0\cdots\cdots②$$

となる。①，②の式より，
$2\,N_1=40.0\times9.80$ より，$N_1=196\,\text{N}$，これを②に代入して，$T_1=10.0\times9.80+N_1=30.0\times9.80=294\,\text{N}$ となる。ここで，$N_1\geqq0$ を満たすので，人は板から離れていないことが確認できるため，$T_1=294\,\text{N}$ を正解としてよい。
(3) 板＋体重計を 1 つのユニットとみると，(2)をそのまま応用して，人にはたらく力は，下向きに体重による重力 mg，上向きに板との間の垂直抗力 N_2，上向きにひもを引く張力 T_2 の 3 力なので，

$$50.0\times9.80-N_2-T_2=0\cdots\cdots③$$

また，板にはたらく力は，板が浮くので，(板＋体重計) ユニットと床との間の垂直抗力は 0 であるから，下向きに(板＋体重計)ユニットの重力，下向きに人が(板＋体重計)ユニットを押す力 N_2，上向きに張力 T_2 の 3 力なので，

$$(10.0+2.00)\times9.80+N_2-T_2=0\cdots\cdots④$$

となる。③，④の式より，$2\,N_2=38.0\times9.80$
$N_2=19.0\times9.8>0$ なので，人は体重計から浮かず，この方法で，(板＋体重計) ユニットを床から浮かすことができる。このとき，体重計の目盛りは，19.0 kg をさすことになる。

⏱ **ミスポイント　垂直抗力＝0 の意味**

　物体に作用する垂直抗力が 0 のとき，物体は，床など物体を支えているものから浮いている状態になる。

---

2 (1) **0.60 J/(g·K)，7.6×10³ J**
(2) **28.0℃**

解説 (1) 水熱量計がもらった熱量と金属球 A が失った熱量は等しいので，

$$(350\times4.2+200\times0.21)(25.0-20.0)$$
$$=280\times c(70.0-25.0)$$

よって，$c=0.60\,\text{J/(g·K)}$
金属球 A が失った熱量は，

$$280\times0.60\times(70.0-25.0)=7560\fallingdotseq7.6\times10^3\,\text{J}$$

(2) 全体の温度が $t\,[℃]$ になったとする。水熱量計と金属球 A がもらった熱量と金属球 B が失った熱量は等しいので，

$$(350\times4.2+200\times0.21+280\times0.60)(t-25.0)$$
$$=400\times0.35\times(64.0-t)$$

よって，$t=28.0\,℃$

---

3 (1) $\dfrac{V}{4f}$ (2) $\dfrac{5V}{4f}$

解説 (1) 閉管なので，初めての共鳴は，波長の $\dfrac{1}{4}$ の長さのところで生じる。よって，気柱の長さは $\dfrac{\lambda}{4}=\dfrac{V}{4f}$ である。
(2) 3 回目の振動は，$1+\dfrac{1}{4}=\dfrac{5}{4}$ 波長となるので，気柱の長さは $\dfrac{5}{4}\lambda=\dfrac{5V}{4f}$ となる。

⏱ **ミスポイント　閉管の開口端は腹**

　閉管の開口端は腹で，閉じた端は節。開管の両端は開口端なので腹。

4 (1) $e\dfrac{V}{L}=kv$　(2) $I=envS$〔A〕

(3) $V=\dfrac{kL}{e^2nS}I$〔V〕　(4) $\dfrac{k}{e^2n}$〔Ω·m〕

解説 (1) 金属線の内部には，一様な電場(電界)

$E=\dfrac{V}{L}$が生じ，電子が電場から受ける力 F は，

$F=eE=e\dfrac{V}{L}$ なので，力のつりあいの式は

$e\dfrac{V}{L}=kv$ となる。

　この設問は実際には「物理」の学習内容にあたるので，問題文中に示した式

　$F=eE$，$V=EL$ を利用する。

(2) 金属線の 1 つの断面を 1 秒間に通過する自由電子の個数 N を求めると，$N=nvS$ となるので，求める I は，

　$I=eN=envS$

(3)(1)より $v=\dfrac{eV}{kL}$ だから，(2)より

$I=envS=en\cdot\left(\dfrac{eV}{kL}\right)\cdot S=\dfrac{e^2nS}{kL}V$

したがって，$V=\dfrac{kL}{e^2nS}I$〔V〕

(4) 金属線の抵抗を R〔Ω〕，抵抗率を ρ〔Ω·m〕とおくと，

$R=\dfrac{V}{I}$，$R=\rho\dfrac{L}{S}$　なので，(3)の結果 $V=\dfrac{kL}{e^2nS}I$ と比較して，

　$R=\dfrac{kL}{e^2nS}=\rho\dfrac{L}{S}$　よって $\rho=\dfrac{k}{e^2n}$〔Ω·m〕

注意　電子が力を受ける向き

　金属線の両端に電圧を加えると，電子はプラス極の側に力を受け加速するはずであるが，実際には等速になる。これは，この力と抵抗力がつりあっているからである。